U0135627

康健雜誌 天下雜誌

靜／下／來／工／作

一位禪師與Google團隊
共同開發的七項覺知練習

Seven Practices of a Mindful Leader.

Marc Lesser
馬克·雷瑟——著
劉碩雅——譯

目錄

○ PART 1 調查

○ PART 3 整合

第七項正念修練：簡單行事 220

簡單行事的關鍵是在做與不做、努力與不努力之間取得平衡。當你在工作、傾聽、開車時，專注於當下就好，如此無論多忙碌，也能在每個當下發現重要的事物。隨時提醒自己：簡化、簡化、再簡化。簡化生活，讓自己更專注、有空間感且活在當下。

後記 正念，幫助我們在這混亂不堪的世界保持理性 236

致謝辭 240

備注 246

推薦書目 252

推薦序（以下依姓氏筆劃排序）

相互依存——打造大腦人際新迴路

石世明／臨床心理師

本書讓我感到最有撼動力量的，是最後三項修練：與他人的痛苦連結、依賴他人、與簡單行事，它為一種極為普遍的現代處境，提供了強而有力的方向與方法。

傳統的領導力，談的是激勵他人採取行動、達到共同目標的能力。然而，作者從多年的修習與領導經驗，進一步領悟到：這一切需要建立在「他人依賴你，你也依賴他人」的關係上，是一種高度自覺、自信和謙虛的態度，也是理解力、行動力與回應能力的展現。

事實上，現代社會標榜自我，推崇獨立，網路世代更可毫無顧忌地沉浸於虛擬空間，不與真實的人互動。人與人之間的連結受遺忘，依賴被貶抑，緊密的依存關係不被認可。

但在看似獨立與光鮮的自我外貌底下，作者看到人們的焦慮與孤單，同時也清楚對他人開放與依賴，會令我們感到脆弱，並深怕因此而受傷。

於是，作者善巧地以職場領導力作為切面，從正念訓練為工作帶來的正面效益作為起手點，透過一項接著一項的修練，引導我們與自己內在召喚進行連結，尋回清明，點燃熱情，藉由各種簡單易行的練習，身體力行，突破積習，以單純的初學者之心體會事物原本的樣貌。在這樣的基礎下，我們得以重新審視自己過去不自覺所規避與逃離的痛苦，感受回到當下所帶來的巨大轉化力量。

最後，進入本書最精華：從看到彼此在基本人性面的受苦，進行同理心、施與受的練習，喚醒想為他人減輕痛苦的慈心能力，進而在人與人之間鍛鍊與他人共依存的領導力藝術，在為與不為之間，學習放下多餘努力，磨練簡單行事的生命質地。這部分，相信值得大家在自己的修習當中，反覆琢磨與體會。

同時也別忘了，依循正念的方法，在職場、工作與人互動中，我們時時刻刻都在打造屬於自己的大腦人際新迴路。

推薦序

正念，再練習一輩子就夠了！

林隆璇（音樂創作者、正念導師）

非常喜歡這本書導言裡提到的一個笑話，一位初到紐約的觀光客隨機問了陌生人怎麼到卡內基音樂廳（表演），路人毫不遲疑地回答：「練習、練習、再練習」。

我也常跟來上我正念課的學員說：「謝謝你們，給我再一次練習正念的機會」，聽起來像是開玩笑，但其實是真的。正念不是知識，也不是學會就好的技能，有人問我：「正念要學多久？是不是上完八週課就好了？」我的回答是：「學完八週後，再練習一輩子就好了。」有人聽到就卻步了，其實練習正念只會讓自己更加的平靜跟喜悅，能一輩子保持平靜及喜悅的心，難道不好嗎？

正念的核心是專注力及覺察力，由兩千五百年前的釋迦牟尼佛首先提出，在一九七九年時由喬・卡巴金教授（Jon Kabat Zinn）在美國麻薩諸塞州創立正念減壓門診，之後在西方興起一股浪潮。

欣喜見到本書終於有中文版「靜下來工作：一位禪師與Google團隊共同開發的七項覺知練習」，本書作者馬克・雷瑟（Marc Lesser）曾在全球領先的企業和組織帶領正念和情緒智商計畫，包括Google、SAP、Genentech和Twitter等，也是參與知名Google正念課程SIY（Search Inside Yourself 搜尋內在自我）課程的開發團隊之一。作者擁有一種禪師真實不做作的幽默特質，善於說故事的他，巧妙的將自身經驗及小故事融入每個修練，讓人覺得生動，有時內心會被這種小幽默打動。

在這本書中，我們可以看到原始佛法的核心精神及西方正念的融合，無論在生活、工作或人際關係上的修練，都很實用且夠用。

推薦序

慢慢共讀，身體力行

胡君梅／華人正念減壓中心 創辦人

這是一本實用有趣、又可以實作的書。

Google發展出來的正念培訓課程，第一次到亞洲是二〇一五年在新加坡，我恭逢其盛，本書作者Marc Lesser正是三位帶領者之一。當時就特別喜歡他，因為他讓我深深地感受到一種由裡而外的真誠。文中所描述的各項練習，也讓我回想起當時在Google新加坡分公司上課的場景，其中最有趣的事情之一，就是發現教室蘋果綠配鵝黃的色調，竟然與我家門柱的油漆顏色一模一樣，哈！

這本書實在讓我很有感，畢竟身為台灣最早成立的正念獨立機構創辦人，我每天都需要實踐正念領導，不然所教的正念就沒意義且裡外不一致。老實說，這是一個相當充滿挑戰與掙扎的歷程，雖然很多時候也頗滋養，但總需要不斷地在變動中有覺察地平衡各方，包括我自己。就像書中所描述的，很多相互矛盾的特質需要漸漸整合在一起：溫暖與要求、絕對與相對、大心與小心、認真學習又別自以為專家……等等。

對於學過正念減壓（MBSR）課程的夥伴，從書中可以看到正念練習的基礎態度（非評價、接納、信任、耐心、非用力追求、放下、初心、感恩、慷慨），以各種善巧的形式交織在各項修練裡，讓人更能心領神會。

本書以輕鬆的口吻描述七項職場正念修練的方法，好處是閱讀無障礙，但也很容易讀完就船過水無痕。因此建議可以慢慢共讀，把書中很好的理念與作法實踐出來，畢竟正念不是概念或思考，而是身體力行的實踐，有覺察地為或不為。只要有人的地方，難免會有誤解、衝突、不悅，但若能以正念為基底，長期而言，對組織裡的每一位夥伴，不論分合，相信都會是種祝福。

推薦序

當我們真的與他人同在

陳德中／台灣正念工坊執行長、Search Inside Yourself（SIY）認證師資

二〇一九年春天，我到美國加州參加 Google 開發的職場正念課程 SIY 之師資培訓，並幸運的在九個月後拿到認證、成為台灣第一批 SIY 師資。在培訓中，一開始就介紹了對身為老師、尤其是正念教學者非常重要的七點準則（為方便讀者參照，我把最初始的七準則原文附注在本文最末），雖然自己已是教學多年的正念老師，但看到這七準則還是受益良多，因它不只是教學者的準則，根本是所有職場人士、尤其領導者的七種重要修練！

本書作者既是修行多年的禪師，也是知名商學院MBA，更是全球諸多頂尖企業高階主管的教練。Google當年在內部開發SIY課程，他就是重要推手，也是後來SIY領導力機構首任執行長。因此，由他來改編並闡述這七個準則與修練，真是再適合也不過了。無論你是想了解正念覺知、增進職場領導力，乃至只是提升生命品質，這本書都會有你所需要的內容。很高興天下生活出版將它翻成中文並在台出版，這真是正念學習者與職場領導者的一大福音。

在SIY培訓中，除了內容外，有一點很讓我感動的，是人與人之間的真誠關懷與深度連結。我們可以給予他人最珍貴的禮物，未必是物質的，而是我們願給出的時間與內心專注，不管是對家人、同仁、還是會議室內的客戶，若我們能真的跟他／她們同在（Presence），那都將會是個美好的轉化。祝福大家可以跟自己內心有最深入的連結，也跟這個世界有最寬廣的連結。

附注：The Seven Principles: 1. Love the work 2. Do the work 3. Be perplexed and amazed by the work 4. Connect to your own suffering 5. Connect to the suffering of others 6. Depend on others 7. Simplify

推薦序

幫助領導者培養敏銳的覺察力

溫宗堃／臺灣正念發展協會理事長

在追求效率、競爭激烈的企業環境裡，眾多跨國公司的高階領導者何以需要學習看似佛系無為、無所事事的正念靜觀？一位長期接受曹洞禪訓練、擔任禪中心廚房主廚的禪者，最後如何把禪的智慧分享給互聯網企業，創造出世界知名的正念領導力與情緒智商課程？這本書簡明扼要地為我們解答其中奧妙。

作者將正念領導力歸結為七項修練：

（一）熱愛工作：找到自己的價值觀與熱愛的事物，培養慈悲喜捨的愛的能力。

（二）身體力行：規律靜坐、練習正念，踐行傾聽與同理，學會暫停，切斷慣性反應，代之以智慧的回應。

（三）別自以為專家：抱持初學者的好奇心，留意先入為主的自我偏見，傾聽萬事萬物的教導。

（四）與自己的痛苦連結：直面個人的身心痛苦與脆弱，不加逃避，以苦為師，方能看清全局。

（五）與他人的痛苦連結：辨識妨礙與人連結的心理模式；學習看見人性的共同點，深入了解他人，給予慈悲心。

（六）依賴他人：了解自己的領導、工作模式。學習指引、賦權以及傾聽他人的能力。建立心理安全等高績效團隊的常規。

（七）簡單行事：接納一切、常保放鬆和警覺，唯一的工作只是培養覺知和幫助他人。

簡而言之，正念靜觀能幫助領導者培養敏銳的覺察力和深廣的洞察力，直面內外的脆弱、困難與挑戰，打破狹隘的自我意識，能與他人深刻連結，進而打造良好互動的組織團隊。事實上，在具備影響他人能力的意義上，我們都是領導者。願您在此書中找到正念的領導方式，幫助你在熱愛生命、高效工作的同時，保有內在的清明和寧靜。

推薦序

讓辦公室成為創意滿溢、績效十足的社交場域

丹尼爾·席格（Daniel J. Siegel）／醫學博士、正念研究中心執行總監、《覺醒：存在的科學與實踐（Aware: The Science and Practice of Presence）》作者

請想像一下，正念導師得來不易的智慧，與資深企業領導者的洞察力完美結合，你大概就能掌握本書的脈絡。本書創意出眾且勵志人心，引路人馬克·雷瑟（Marc Lesser）從數十年的靜觀實務、大小企業的領導力執行中，提煉出七項強大法則，讓我們的工作、生活更有效率與意義。

雷瑟告訴我們，熱愛工作、改掉惰性惡習有助我們從枷鎖中解脫，且能更有效率、

有創意地與自己、他人互動，也能在工作上大展身手。我們花太多力氣在規避不快，不論是自己或他人的不適。然而，科學實驗證明，學習慈悲為懷、擁抱自己內在真實的想法才是培養健康心理、生理和人際關係的方法。

領導者若想創造一個績效佳、創意多的工作環境，關鍵在與自己的痛苦、他人的痛苦「連結」，並接受萬物相互依賴的關係。究竟要如何做才能達到此境界？誠如本書詳細的梳理：完全活在覺知中，對於事實、當下採取開放、不設限的態度，這些都有助我們覺知到自己與他人的連結，亦能讓他人感到被關注、安心，並有利於信任的培養。有了信任，再加上組織歸屬感、對正念領導者團隊的認同，就能讓員工發揮最大潛能，並維持其身心健康，達到人盡其才。值得高興的是，正念領導力的核心技巧可以透過學習獲得，而本書簡明扼要地交代了確切的方法。

「正念領導者」的具體樣貌為何？正念沒有一個固定的定義，但廣義來說，這個詞彙代表完全活在當下，對於事實採取開放態度，不受批評動搖，不因留戀或逃避而迷失自我。正念是開放的覺醒，覺醒可帶出一個信任的環境，促進大腦啟動「社交參與系統」，讓我們用寬容心態、清晰思維與他人、內在自我做連結。這樣說來，所謂「正念領導者」即是能善用上述正念覺知技巧，來激發他人表現，協助他人有效解決問題，並幫助團體在面臨挑戰時找到創意出路的人。正念領導者有辦法讓辦公室成為一個績效十足的社交場域，在這個環境裡，慈悲、連結與創意滿溢。

本書的七大法則能教你如何成為這樣的領導者，這趟旅程即將展開，每一步都有詳細引導，請盡情享受！

企業文化能把經營策略當早餐一樣吃掉。

彼得・杜拉克（Peter Drucker）

以上這句話出自世界知名的企管作家、教授和顧問彼得・杜拉克之口，是目前最為人所知、最被廣為接受的企業名言之一。此話一針見血地點出，若要成功，企業文化遠遠比經營策略來得重要，在今日變動激烈的企業環境裡，更凸顯這句智慧之語的真切。

企業文化是由什麼組成的？人。人與人透過合作來解決問題，這就是企業文化的基礎。我常把這件事比擬為企業界「不能說的祕密」，因為我們每天處於壓力、緊張和忙碌之中，常常陷入見樹不見林的盲點。團隊合作是企業的核心，企業的成功關鍵則取決於員工是否有良好的互動、協作和溝通，還有能否彼此關心。這是彼得．杜拉克想要傳達給我們的訊息。

大家應該都認同他的觀點，而且我們不只在職場上，在生活中也追求同樣的理想。每個人都想創造、歸屬於一個支持型的正向文化，一個充滿信任和關懷、透明真誠、靠得住且成效佳的環境。這樣的企業文化有利於個人和團隊果決行事、勇往直前、克盡職守、成長茁壯、行善助人且達成目標。

不過，說來簡單做到難。做人本來就不簡單，更遑論與別人合作。追求有意義的工作目標之際，難免遇到挫折與阻礙，有時是情緒上的痛苦和壓力，也可能是工作上的不確定性、預算上限和截稿期限，或者人際衝突、政經環境動盪、與令人出乎意料的挑戰。

究竟該怎麼辦才好？要怎麼做才能打造、維持一個支持型的正向文化？

在本書裡，我將逐一探討這些問題，希望透過我傳授給世界企業主管、創業家、工程師、醫師、老師等人的七項正念修練，給你一些指引和啟發。近幾年來，正念和正念領導力風靡全球，但對正念有興趣不代表你就能成為正念領導者。了解正念非易事，身體力行更是難上加難。就算你沒有三天捕魚、兩天曬網，正念的意義與實踐仍可能因工作的關係而大打折扣。雖然靜觀本來就不是為了改善企業而存在，靜觀最原始的目的是修正個人意識、調整個人存在的方式，不過，靜觀不但對正念領導力至關重要，亦是企業和員工雙贏的關鍵。

我人生經歷還算稱得上特別。成年後，我的人生有一半以靜觀為中心，另一半則跨足企業界。我所提倡的正念領導力同時受到這兩個世界的影響，我既是長期習禪者、靜觀老師，也是幫助公司培養正念領導力、打造健康工作環境的領導、教練和顧問。這幾年來，我協助建構谷歌「搜尋內在自我」（Search Inside Yourself）正念領導力與情緒智商課程，也共同創辦了世界知名領導者培訓公司「搜尋內在自我領導力機構」（Search Inside Yourself Leadership Institute）。

本書的七項正念修練源自「搜尋內在自我」課程。根據我上課的經驗，大家之所以想將正念導入企業界，其理由跟從事正念、靜觀的人一樣，最終目的無非是想改變人生，讓自己變得更有覺知力、專注力與適應力，並且跳脫狹隘、以自己為中心、充滿恐懼的自我，擁抱開放、好奇的心態，勇於與人群接觸且樂於助人。人人都想要擁有上述能力，以應付職場上、生活中的各種境遇和人際關係。

早在舊金山禪修中心[1]生活、工作和修行的十年間，我的心中就種下了正念領導力、七項正念修練的種子。在那十年裡，我總共待在舊金山市禪修中心（City Center）兩年、綠谷農場禪修中心（Green Gulch Farm）三年，另外五年則是在塔薩加拉山禪修中心（Tassajara）度過。塔薩加拉山禪修中心是西方第一所禪寺，位於加州中部的洛斯帕德里斯（Los Padres）森林。

不論是在塔薩加拉山禪修中心或禪學裡，若想將靜觀注入日常，工作扮演了極為重要的角色，因為工作是一種輔具，是培養永續學習的器皿。我加入塔薩加拉山禪修中心的第一年夏天，從洗碗工作做起，接下來幾年進入內場，接著學習成為麵包廚師、主廚助理。二十八歲時，我晉升為廚房主廚，每天帶領十五位同仁供餐給七十位寄宿學員、七十到八十位過夜賓客之餘，也努力將正念、正念領導力應用在工作上。

夏季課程開始後，我們每天的工作就是準備三道簡單的素食餐點給寄宿學員，還有另外三道美食等級的素食給過夜賓客。禪修中心的餐點標準一直很高，廚房也被賦予很高的期望，因為過去半世紀來，塔薩加拉山禪修中心建立了良好的口碑，以提供美味、健康和創意的餐點聞名。這裡也是世界頂級素食餐廳舊金山綠餐廳（Greens Restaurant）的發源地。

儘管我的工作是負責營運一個具有餐廳水準的廚房，還有供餐給所有學員，但扶持正念文化也是我的責任。我的任務是扶植一個良善的環境，讓廚房同仁都能迅速、專注、慷慨、自信且從容自若地工作。換句話說，身為主廚，我有兩個目標：創造一個支持型、充滿愛的多產工作環境，還有（準時）提供餐點。以上兩個目標同等重要，缺一不可。

其實，在塔薩加拉山禪修中心，廚房被視為正念的樞紐，另一個正念中心——靜觀大廳——即在不遠處。廚房、靜觀大廳皆是互聯性強的地方，兩者同時強調努力和無為、自我和無私，是建構社群和展現關懷、支持與勇氣之場域。廚房是職場，也是並肩合作的地方，每個人同時給予並接受他人支援。廚房亦是一個實踐靜觀精神、覺知力和靜觀方法的場所。

身為主廚，我發現大部分的時候，上述的兩個目標好像合而為一，因為我們處在當下、開啟覺知和關懷彼此的同時，也在廚房裡忙著張羅餐點。不過，確實有時候，正念跟眼前工作似乎相互牴觸，似乎只能二擇一，否則就會落得一事無成。所有的廚房，都

1. 舊金山禪修中心由舊金山市禪修中心、綠谷農場禪修中心和塔薩加拉山禪修中心等三個道場所組成。（書內的注解皆為譯者注）

是講求速度、千變萬化且壓力大的工作環境，包括禪修中心廚房在內。舉例來說，廚房的前置作業複雜且講求細節，內場的人要在狹窄的空間內合作，且作業的先後順序不時要調整，還有出餐時間往往緊迫、連動且不合理。就塔薩加拉山禪修中心而言，雪上加霜的是所有的學員並非專業主廚、廚房幫手。況且，禪修中心距離市區很遠，還記得我當主廚的時候，如果廚房少了雞蛋等主要食材，到最近的商店要花上兩個多小時車程。所以，我們只能隨機應變。此外，廚房沒有接電，所有作業都要手動完成。

現在回頭看，對於我們是如何達成目標的，我自己也感到好奇。還記得一個夏日午後，我跟一群不認識的過夜賓客坐在來賓餐廳用午膳。坐在我對面的女士介紹完自己是商學院研究所的教授後，接著問道：「誰是這一切的背後首腦？」她之前沒來過塔薩加拉山禪修中心，因此對這裡提供的餐點、服務品質和整體經驗感到十分訝異。從許多面向來說，對一般訪客而言，塔薩加拉山禪修中心確實很像一個營運良好的商務會議中心。我回她說，學員們不把這裡視為企業，這就是營運成功的關鍵。塔薩加拉山禪修中心是服務練習和培養正念的地方，鼓勵大家放下「希望事情就此不同」的執念，並以覺知來體驗每分每秒的當下。

我認為，塔薩加拉山禪修中心的廚房是正念工作、正念領導力的參考模範，可套用於各種情境，因其傳遞了我們如何在壓力、疲憊跟打擊之中體驗喜樂與愛。禪修中心的正念整合訓練，提供了廚房工作一個必要的脈絡和器皿。廚房裡的關懷、學習和樂趣多到不可思議，供餐所帶來的快樂與滿足更是難以用言語形容。

儘管我們同時有很多目標要完成，但正念練習、工作和領導力確實可被歸納在同一個脈絡裡，整合成一件事情。不過，這需要自我覺知、對他人的覺知、對時間的覺知，以及對自己努力的覺知。正念工作、領導力不只講求、也培養成功所需的必要技能，這是本書想點出的關鍵。我將自己廣泛的經驗簡化成七項正念修練，期望能幫助讀者將正念、領導力導入日常生活與工作。此外，我深信靜觀、正念不只可以滿足職場上的需求，還能讓我們身心健康，在所有領域擁有卓越表現。

○ 大心與小心

正念領導力不是一個新的概念。早在十三世紀，日本禪學始祖道元在《典座教訓[2]》裡即要求主廚工作時，需實踐「三心」，也就是所謂的「喜心」（歡喜接受所有之心）、

---

2. 典座是指禪寺裡負責準備膳食給僧侶的人。

「老心」（無條件之愛）和「大心」（接受變動的事實存在與包容之心）。

正念本身源自於有好幾千年歷史的靈性傳統。從歷史上來看，人在社會動盪之時，對正念特別感興趣，這是因為大環境通常伴隨高壓、變動與不安，正好跟現在我們身處的環境類似。經過了好幾世紀的修正與整合，正念已可滿足大部分社會劇變所帶來多樣且迫切的需求，進而影響靈性傳統，也滲入日常生活與文化，如藝術、食物、教育和工作等層面。

提升覺知力是正念重要的一環，但目的卻不只是提高個人的覺知，還有培養寬廣深湛的洞察力，藉由放下自我中心的意識，拓展狹隘的自我經驗，最後達到全方位、非二元思維的覺知。在禪學裡，這就是從「小心」進展到「大心」的過程。

我們每分每秒的經驗屬於小心，也就是屬於個人、我、自己的經驗。其實，小心在科學上也有一個名稱，叫做預設模式網絡[3]。這部分的大腦擔心著未來、躊躇著過去，無法放鬆或覺知當下，看不清楚大局。這跟心理學裡的自我概念很像。正念不只要求我們欣賞小心，也要培養大心。所謂的大心是指開放、好奇且接納的精神或存在方式。或許可以這麼說，正念領導力就是透過靜觀（隨時可以進入）培養大心，並將大心經驗導入小心所關注的事情，像是生活上的喜怒哀樂，或者與同事一起完成即時交辦任務的壓力與愉悅。

禪修中心主廚的任期屆滿後，我受邀出任塔薩加拉山禪修中心的主任，這讓我對正念領導力有更深、更廣的體會。塔薩加拉山禪修中心是禪寺，但面對的挑戰跟很多小型公司沒兩樣。舉例來說，塔薩加拉山禪修中心的收入是舊金山禪修中心營運的資金來源。還有，到了夏天，禪修中心會搖身一變，成為舉辦工作坊、接待過夜賓客的靜觀營。

我在塔薩加拉山禪修中心當了一年主任後，決定離職並前往紐約大學商學院進修碩士學位。我很期待（也很戒慎恐懼）進入企業界，將所學的正念、工作和領導力統合方法應用出來。當時，我已發現此方法的多項顯著好處，像是：

- 正念領導力可以培養豐富的經驗，連日常瑣事也充滿意義，甚至與眾不同。
- 正念領導力可以消弭正念、工作、照顧他人和達成目標之間的落差。
- 正念領導力教我們，在壓力、挑戰、困難和麻煩中學習是成長的必經過程，不需

3. 預設模式網絡的英文為 default mode network（DMN）。

排斥。

- 正念領導力有助辨識、處理相互牴觸的工作項目，培養我們的適應力和理解力。
- 正念領導力有助我們理解何謂永恆、輕鬆和喜樂，儘管工作令人精疲力竭。
- 正念領導力適用於任何活動，可以培養內在自信、謙恭克己的美德。
- 正念領導力強調個人與團體同等重要。每個人有自己的角色，但人人都是團隊的成員，給予並接受其他成員的支援。
- 正念領導力教導我們，真正的成功分為兩個層面，第一是人的性情與同理心，第二是工作的品質和成效。

從那時候開始，我就知道正念、正念領導力的好處不但持久恆遠、舉世通用，而且任何人在任何狀況下都能享有。你不用花時間去禪修中心，不需要商學院學位，只要把正念領導力導入你所面臨的任何情境、挑戰、組織、角色或工作環境即可。

正念是一種存在的方式、也是改變視野的方法。正念相當實用，就我個人經驗而言，簡直實用到不行，因為正念有助我們有效解決日常問題。正念讓生命更有深度與厚度，改善我們存在的方式。只要心懷正念，就能用謙虛又自信、期待又不怕受傷害的心情來面對一切。儘管正念神祕深奧，直接切入意識、生死和無常等重大議題，其實也讓我們體會到，只要放下恐懼和舊習，油然而生的是從容自若的風度、發自內心的大愛，還有對生命真諦與互聯性的深切體悟。

○痛苦與可能性：正念所賦予的權力

自紐約大學畢業後，我便跨足靜觀、企業兩界。不過，從現在看來，靜觀與企業根本是同一範疇。畢業後幾年，我創立了印刷公司「松枝之舞」（Brush Dance），這間公司日後以發行環保、創意十足的卡片與月曆聞名。（我們是世界上首批用回收紙製作商品的公司。）經營松枝之舞長達十五年之久後，我又創立了顧問公司「企管禪夥伴」（ZBA Associates），專門訓練主管、員工如何應用正念和情緒智商。谷歌是我們的眾多客戶之一，拜此機緣之賜，我日後有機會加入「搜尋內在自我」課程的開發。

我自認很幸運，因為我的工作是在幫助個人、團隊和公司變得更有意識和覺知，協助他們提升工作生產力、領導力與幸福感。我大半部的人生都在為了這個目的而努力，只是形式不盡相同罷了。儘管愈來愈多人認同正念為一種職場技能，還是很多人問我：

為什麼主管和公司選擇跟你合作？他們為什麼想了解正念？

我的回答如下：痛苦與可能性。踏出舒適圈、面對自己的脆弱是痛苦的。當自己所堅持的價值、抱負和工作不一致時，或潛力沒有完全發揮時，自己比誰都清楚。舉例來說，當你覺知到效率不彰、影響力不足的原因是你臨陣脫逃、過度反應所導致時，確實會難過。不過，反過來說，我們也明白，自己有能力可以做得更好、更有效率、更熟練。我們看到自己的可能性，所以想將潛力發揮到極致。

意識到生活、工作與領導方式跟理想有落差很值得嘉獎，用有效、實際的行動來縮短差距也一樣值得喝采。正念有助於我們做到以上兩點。正念不只幫我們辨識落差，也能彌合差距。事實上，我覺得光把落差條列出來，就能帶來很大的啟發，因為你能同時感受痛苦與可能性，比較現實生活裡的痛苦與活出覺知、滿足、輕鬆、效率和連結的可能性。對我來說，承認、面對和從痛苦與可能性中學習，並正視兩者之間差距是正念的重點，也是領導力的基礎。我在課堂上、工作坊裡使用這個架構來闡述正念領導力，此架構也是本書的中心思想。

儘管如此，不論是在職場、社群、家庭、人際關係或精神上，覺知到過去或現在的痛苦與可能性會令人感到不自在，甚至害怕和困惑。這就是為何正念、正念領導力實際上比看起來困難得多。然而，這卻是真正力量的所在，我們有力量學習、改變和成長。

有效回應、與他人深入連接、找尋問題的答案、以及創意思考與行動，皆源自這股力量。

如果我們願意正視的話，不難察覺自己的潛能尚未完全發揮。你是否不想面對現實或痛苦？你的人生跟自己堅持的價值、抱負一致嗎？你是否太小看自己，自動放棄了你與生俱來的力量——開發自我的能力、看得更清晰的能力，以及影響他人達到理解、滿足、連結和提升生產力的能力？如果答案是肯定的，請問你怎麼放棄、以什麼形式放棄？我問過上百人同樣的問題——**你如何放棄自己所擁有的力量？以下是我收集到的答案，你是否深有同感？**

- 我嘴巴上回答是，其實內心一點也不這麼想。
- 我忙得團團轉，一心想努力完成「重要」事項，卻不夠重視當下。
- 面對決策，我想太多且優柔寡斷。
- 對於世界上所發生的事情，我感到無助且失望透頂。
- 我會因為小事而對自己和他人失去耐心、感到氣餒。
- 我常低估自己的能力。
- 我不會提出明確的要求或求助，可能是我覺得凡事必須親力親為，也可能是怕被拒絕。

- 我會壓抑自己強烈的情緒，常常忽略內心深處的渴望、信念。
- 我說話是為了填補尷尬的空檔。
- 只要有一點難過或緊張，我就會上網收信、瀏覽社群網站或找別的事情做。
- 犯錯或做出錯誤的決定時，我會苛責自己。
- 我沒有好好照顧自己，運動量不夠、睡不好或吃得不健康。
- 我避免深入討論或觸碰讓我感到脆弱的話題。
- 對於外觀、金錢和地位，我總拿自己跟他人做比較。
- 我有時覺得自己很失敗，不論是工作或生活上，我都被困在現實與理想的落差之中。

對於所有人來說，以上都是極具挑戰性的問題，尤其是坐上領導者的位置後，每當你被仰賴、賦予深厚期望時，感觸特別深。以上答案的背後是根深柢固的行為模式和習慣，想要解決或改變，沒有捷徑或竅門。不過，光是列出自己如何放棄力量這件事情本身就力量十足，展現了你的覺知力、正念力！

○正念領導力有助於苦樂交融的人生

本書主要談的是工作和生活，但這七項正念修練對人生所有面向皆有所助益。我們每個人要為自己的人生負責，但重點是，不論你從事什麼行業，工作上的落差大多反映了我們在家庭裡、人際關係裡、與子女相處等狀況。痛苦和可能性的差距無所不在，因此當我們覺知到某個領域出現落差時，其他領域的落差也可能跟著浮現。

做正念訓練時，我常把學員倆倆配對，讓他們互問兩個問題：你喜歡你工作的哪一部分？目前最大的困難是什麼？然後，我再請大家分享剛剛討論的內容。最近上課時，有一位四十多歲的女士站起來說，「我剛換工作，現在單程通勤要一個小時以上。因為工作上要求多，又要學習新技能，我感到莫大的壓力。我的工作夥伴散佈在全球各個角落，所以我要面對不同時區、文化差異的問題。主管期待我無時無刻都要回覆電子郵件、訊息。我有兩個年幼的小孩，他們剛上小學，正是需要父母關愛的時候，而且我老公最近也才剛換工作。」

她坦承自己的脆弱，口條清晰，且大家對她的遭遇都感同身受，所以成為注目焦點。現場所有人都感受到她的痛苦。儘管如此，她卻願意在百忙之中抽兩天空，來這裡學習正念、情緒智商和領導力。顯而易見地，她來是因為她相信自己的可能性，認為自己可以用另一種方式工作與生活，在場所有的人跟她的想法一樣。

這位女士想學習「正念領導力」，部分是為了工作。身為主管的她，每天被龐大的工作量壓得喘不過氣。不過，她顯然想把正念導入人生所有面向。她的故事讓我想到喬・卡巴金（Jon Kabat-Zinn）寫的一本關於正念的書，叫做《正念療癒力（Full Catastrophe Living）》。這本書的書名源自一本小說叫《希臘左巴（Zorba the Greek）》。小說裡，一位年輕人詢問主人翁左巴他是否已婚，左巴回答，「是的，我已婚。我有太太、小孩和房子，什麼都不缺。我的人生苦樂交融。」

每個人的人生都「苦樂交融」，只是形式不同罷了。我們的工作、人生的複雜程度遠超過左巴可以想像。儘管如此，當我們自認深陷「苦難」時，卻又常對苦難百般依賴。舉例來說，我相信在課堂裡發言的女士一點也不想改變自己的人生。她不想捨棄讓她倍感挑戰和壓力的工作。她想要的是改善的工具和練習，或另一種應對方法與存在方式，以品味人生、減少痛苦。她想要更有技巧地應對問題，無論是在職場上、或者是跟小孩、丈夫的相處上。簡而言之，她想要彌合現實與理想之間的差距。

我對她的處境、痛苦表示理解，也感謝她對自己的弱點侃侃而談。我跟她說，接下來的兩天課程裡，我們要學習正視痛苦、擁抱可能性的方法。所謂的可能性是指面對挑戰，甚至品味試煉，以及身處暴風雨之中還能處變不驚的態度。藉由提升覺知、改變思考模式，我們可以更有接納能力，甚至在逆境與混亂之中學會停下來欣賞人生的風景，這是正念的承諾。

○靜觀等於睜開眼睛過生活

注視，這不只是鍛鍊眼睛的方式。
凝視、窺探、偷聽、傾聽。為了解而死。反正你在世上的時間不會太長。

沃克．埃文斯（Walker Evans）

讀到攝影家沃克埃文斯的這句話時，我才恍然大悟，原來我一直透過靜觀在訓練注視力。我二十二歲到舊金山禪修中心接觸禪學後，人生從此大不同。此後，我把靜觀視為基本功，對正念領導者而言，靜觀可說是最基本的練習。

雖然埃文斯在上一段話裡應該不是在講靜觀，但他說得太好了。靜觀就是在凝視、窺探、偷聽且傾聽。靜觀時，我們覺知且關注內外，告訴自己要「知曉」一些有意義、有用的事情。的確，在深知生命有限的情況下，我們透過靜觀，釐清什麼才是最重要的事情。

本書認為，領導力也需要這種注視的能力：完全專注、身心靈合一、將你內心深處的價值、意向調整到跟他人一致的能力。

很有趣的是，我發現靜觀與領導力存在許多共同點，兩者皆提倡睜開眼過生活。靜觀給人的感覺很簡單，不過就是停下來，坐著，覺察身心靈的變化，讓念頭與情緒自由來去，培養慈悲心和好奇心，探索人生的痛苦和挫折、喜悅和可能性，培養對活著以及生命所有的感謝之心，還有培養歸屬感和連結性。但從另外一個角度來看，靜觀就是藉由放下你對自己的看法和自我認同，練習做最真實的自己。

透過靜觀，我們學會欣賞生命的珍貴和力量。靜觀，以及所有的默觀靈修，都試圖在日常生活裡培養深度與神聖之心。這就是正念。正念有助我們看清當下、所有現實與理想之間的落差、痛苦和可能性，以及苦樂交融的人生。

靜觀時，透過凝視、窺探、偷聽和傾聽，我們學會不只要把事做完，還有要如何才能事半功倍地完成最重要的工作。我們知道什麼是可以透過自己的力量改變的、什麼不行，所以更能效率行事。我們跟他人建立深層連結，成為更好的傾聽者。有時候，靜觀意味著力求改變，但有時又代表全盤接受。我們在靜觀裡學會順從與適應、自信與謙遜。最重要的是，靜觀可以照亮內心、驅逐憤世心態，讓我們知道自己有多麼欠缺從自己、他人和所有事物中抽離開來。對領導者、人生來說，以上都是相當重要的能力。

○逃避雖來自本能，卻不利自我

有時候，凝視和專注令人感到痛苦不堪。我們本能上習慣逃避痛苦的事物，這無可厚非。不過，逃避會阻礙目標的實現。要成功就必須先揪出痛苦，將痛苦轉化為可能性。逃避通常是正念、正念領導力，以及支持性文化的主要障礙之一。

我們要凝視、睜開眼睛並覺醒。一旦逃避成為習慣時，就無法全心全意地做自己、過生活，我們會變得麻木不仁、渾渾噩噩且無法看清局勢。逃避不只是領導力、職場上的阻力，也是所有人的通病，這是人類在演化過程中被賦予的本能。人類無法隨時洞察所有事物、本能上習慣避開痛苦的來源，而且厭惡改變。乍聽之下，逃避似乎是一種自我保護機制，但其實一點好處也沒有。直視是強而有力的技能，因為直視可以挑戰、改變自己，完全翻轉人生。因此，就算內心抗拒，也要儘量學會直視。

以我為例，我自認人生早期大半部分處於沉睡狀態。我在紐澤西州郊區長大，過著「一般」的生活。我的成績很好，從事保齡球、高爾夫、美式足球和棒球等運動，暑假不是看電視、當桿弟、在伐木場搬東西，就是在當地醫院的洗衣間幫忙。我吃的食物大多經過加工，要不然就是罐裝食品。

我的出生過程也反映了麻木、無視或規避的態度。分娩時，我的母親服用大量的藥物，以減輕分娩所帶來的痛苦。上學後，學校舉辦定期空襲訓練，要我們躲藏起來、找尋庇護。我以前常去退伍軍人醫院探視我父親，他因罹患躁鬱症而接受電擊治療，現在回想起來，我懷疑他應該是創傷後壓力症候群。二次大戰時，他在法國、德國前線作戰，但就像我的情感、抱負和種種疑惑一樣，大家選擇用沉默來逃避問題的存在。

成長過程中，我並不知道自己正在從一個世界移動到另一個。我從孤立的世界出發，逐步邁向一個充滿連結的世界。我本來對自己和他人的痛苦毫無意識，但逐漸學會擁抱情感、淚水、難過、快樂和喜悅。我從逃避夢想抱負、假裝一切都很好的狀態，進入一個充滿期望、掙扎和愛的世界。我愛上了這個「苦樂交融」的亂七八糟世界，學會享受在雜亂無章中理出頭緒。

現在，類似的戲碼正在我們眼前上演。我們卡在兩個世界之中，急切需要正念、正念領導力的引導。或許這不是什麼新鮮事，但隨著氣候變遷、核武發展、不平等和恐怖攻擊等威脅的出現，現階段的風險更大、問題更急迫。世界經濟、政治、醫療、食物和用水系統在瓦解的同時也在重生。一股力量正在催化、翻轉世界，這股力量促使我們從自動導航、否認模式跳脫出來，變得更有專注力、覺知力和意識力。這股力量讓我們了解痛苦，知道可以透過凝視、窺探的方法來轉化痛苦，而非用視而不見的態度來迴避。

我們漸漸意識到當下與未來的可能性。這並非一件簡單的事。覺知到愛、落差、時光無情和壽命有限等事實確實會令人痛心。不過，想到人一生所可能經歷的痛苦、可能性，不論好壞，卻讓我充滿力量。這本書和七項正念修練想要告訴你的是，請感謝人生，全心全意地正視、接受和享受人生的所有，包括所有的痛苦和可能性。

○企業領導者的七項正念修練

丹尼爾．高曼（Daniel Goleman）於一九九五年出版了一本劃時代的新書《EQ（Emotional Intelligence）》。此書在企業、主管間掀起了一股旋風，讓他們了解情緒智商與能力的重要性，也引發各界對情緒智商的莫大興趣，立即獲得全球企業、領導者培訓課程的引用。

此書獲得如此熱烈的迴響，我並不意外。雖然「情緒智商」很難量化或衡量，但我們都知道其重要性，而且情緒智商容易辨識。情緒智商包括五大領域或能力，很多人都認同（科學研究亦能佐證），當我們在這些範疇下功夫時，可以獲得許多好處。

- 自我覺知：了解自己的內在狀態、喜好、資源和直覺。
- 自我管理：用選擇取代強迫。管理自己的衝動、資源和直覺。
- 動機誘因：了解什麼才是最重要的、讓重要的事與自己的價值觀保持一致，並在兩者分歧時及時察覺。培養適應力。
- 同理共鳴：覺知到他人的感受。培養連結和信任。
- 社交技巧：培養溝通力，尤其是傾聽能力、處理衝突的技巧，以及用同理心領導。

以上講得很好，此書完整地勾勒出理想中領導者應有的樣貌，因此許多人預測，情緒智商的訓練將帶來一場職場革命，吹起彼得・杜拉克等其他專家主張的正向企業文化風潮。不過，令人玩味的是，縱使美國等各國紛紛引進情緒智商課程，這場革命卻遲遲未發生，領導力、工作環境和員工幸福感並沒有改善。

《EQ》出版後十年，高曼推出續作《EQ II-工作EQ（Working with Emotional Intelligence）》。他在「十億元的錯誤（The Billion-Dollar Mistake）」的章節裡，解釋為何大家的期望落空了。企業在培訓過程中，將情緒智商視為跟其他一般科目，大多透過演講和閱讀來傳授。雖然課程觸及理論，卻很少實作練習或講到重點。課程裡講得多、做得少。所以，學員沒有機會練習提升情緒智商的基礎能力，如專注力、探索個人建構事實的方法，以及無私心和同情心。這些是正念的根基，當時卻未被列入情緒智商課程裡。很顯然地，沒有練習當然就不會有革命。

○練習的力量

我一直很喜歡下面這則老掉牙的玩笑：一位初到紐約的觀光客隨機問了陌生人，

「我要怎麼才能到卡納基音樂廳[4]（表演）？」陌生人毫無遲疑地回答，「練習、練習、再練習。」

每當有人問我，「我該怎麼做才能減少現實與理想之間的落差？」我都有一股衝動，想脫口而出同樣的答案，「練習呀！」聽起來很好笑，卻一針見血。

因情境脈絡不同，練習的意思也有所差異。以上笑話裡暗指，不練習、不反覆探索已知技巧的話，就會原地踏步。不論是彈鋼琴或打網球、準備表演或寫報告，唯有透過反覆練習才能進步。換句話說，做就對了。從這個角度來看，練習是為了增進學習力、技巧和能力的意圖性活動。在醫療和法律的領域，練習夠多、夠熟練的人才有資格獨立開業[5]。從這個層面來看，「練習」意味著一間公司或一個專業，可能需要花上一輩子的時間鑽研才能精通。

我在舊金山禪修中心寄宿（和練習）的那幾年裡，練習意味著一種生活方式。練習指的靜觀練習，還有練習表達自己內心深處的意向。我們的目標是將正念、正念練習融入人際關係、職場和日常生活。從這個角度來看，我們的「練習」即是洞察力。我們的練習是將所有行為和自己的價值、意向合而為一。

基於上述諸多理由，我決定把本書裡的七項正念修練稱為「練習」。唯有練習這七種能力，才能熟練技能、讓統合更加順暢。這些能力也是一種方法、生活方式，以及表達個人內心深處意向的手段。透過練習這七項正念修練，我們就能將痛苦轉換成可能性。

把價值、意向化作行動，這就是練習。練習跟習慣很像，經過一段時間，人就會產生所謂的肌肉記憶[6]。練習不只是好習慣，還有助個人表達內在意向，讓我們實現抱負與理想、發揮全部潛力，並幫助他人。

○七項正念修練：正念與行動

正念的定義很多元（一直以來皆然）。然而，為了方便訓練企業領導者，我把正念簡化成七項正念修練：

4. 卡納基音樂廳（Carnegie Hall）位於第七大道和第57街的東南角，由慈善家安德魯·卡內基（Andrew Carnegie）於一八九〇年出資建構，是美國古典音樂與流行音樂界的指標性建築。
5. 獨立開業的英文是practice，跟一般所謂的練習同一個字。
6. 肌肉記憶（muscle memory）意指身體的肌肉是有記憶的，反覆同一種動作多次後，肌肉就會將動作記起來。

- 熱愛工作
- 身體力行
- 別自以為專家
- 與自己的痛苦連結
- 與他人的痛苦連結
- 依賴他人
- 簡單行事

以上並非典型的正念修練指引。對我而言，正念比很多書上寫得深且廣，甚至錯綜複雜且高深莫測。在我看來，練習正念不是要善於靜觀、了解某些特定的概念，或透過遠離世俗來達到內心的平靜。**正念強調的是在你既有的生活裡，培育一個更有生命力、具回應性、成效佳且溫暖的存在方式。**

正念有點難以解釋，也不好理解，因為正念包含了一些矛盾的概念。舉例來說，知名禪學大師鈴木俊隆曾說，「你本身就很完美，只需要一點進步。」這就像參加正念課程的女士的矛盾一樣，她想改變（或改善）自己經驗所有事情的方式，卻不想改變（或放棄）經驗裡的任何事物。

正念練習要我們同時欣賞、擁抱兩個世界：絕對與相對、大心與小心。一方面，練習正念的目標是要完全接受自己與自己的經驗，因為從宏觀角度來看，你本身就很完美。不過，在相對的世界裡，情況卻不然，所以你需要在此修正自己。從絕對的角度來看，你的掙扎、痛苦、渴望和反感等一切，也是無可挑剔的。然而，**正念練習的要點之一在於了解個人的習慣與習性、恐懼與不滿，透過適度修正以翻轉生活中的課題，而非遇到瓶頸就視而不見、逃之夭夭。**

在本書裡，每一個章節都有許多習題、嘗試和活動，幫助你將正念導入日常生活。每一種修練皆相輔相成，我將它們分為「調查、連結與整合」三大類別。前面的四項正念修練著重於探索內在、自我覺知。接下來的兩項正念修練著重於人際關係，也就是你分別與他人、職場和宏觀世界之間的關係。最後一項正念修練的重點是統整前面所有的修練。**這七項正念修練相互作用，幫你釐清當下最重要的事情、做出最有效率的決定。**這些修練是有助你成為正念修行者、正念領導者的指引手冊、練習簿。

以下簡單說明七項正念修練：

調查

•**熱愛工作**：從啟發、最重要的事情開始著手。了解並培養抱負，也就是你內心深處的意向。

•**身體力行**：規律靜觀、做正念練習。學習在工作上、生活上適切地做出回應。

•**別自以為專家**：放下唯我獨尊的想法。踏入宏觀、開放和脆弱的世界。

•**與自己的痛苦連結**：不要逃避身為人必經的痛苦，將痛苦轉化成學習和機會。

連結

•**與他人的痛苦連結**：不要避開他人的痛苦，與全人類、所有生命進行連結。

•**依賴他人**：放下獨立自主的假象，透過賦權他人、他人賦權，打造良善的團體互動。

整合

•**簡單行事**：放下匱乏的思維，培養初心與好奇心，統合正念練習和成果。

○七項正念修練的緣起

七項正念修練的發明者不是我，它們源自我協助開發的谷歌「搜尋內在自我」正念領導力情緒智商課程。修練源起分別與修練內容、我的理念密不可分，故我認為有必要在此交代一下經過。

時間回到二〇〇六年，當時我正在從事領導力顧問的工作。谷歌是我的主要客戶之一，我定期在它們位於加州山景城（Mountain View）的總部開課，訓練工程師的領導力、團隊組織能力。有一天，我接到來自陳一鳴（Chade-Meng Tan[7]）的來電，他問我是否能見個面。有些谷歌員工幫我取了一個綽號，叫「做過幾萬小時的靜觀、擁有企管碩士文憑和許多年領導經驗」的人。至於這位打電話給我的仁兄，大家習慣叫他Meng，他只是一位在谷歌的工程師。

Meng對於正念、靜觀懷抱很大的熱情，他認為，世界和平有賴於靜觀的普及。因此，他決定調整20%的工作時間（谷歌鼓勵員工在自己的重點工作之外，投入最多20%的彈性時間開發新計畫）打造一個正念課程，並且提案給谷歌。在當時，這是前所未有的創舉，

7. 陳一鳴是谷歌元老級工程師，他率先引進正念減壓療法（Mindfulness-Based Stress Reduction）到谷歌。

他也邀請我進入他的開發團隊。

他打電話給我的時候，已經擬定了課程的名稱——「搜尋內在自我」。「搜尋」取自谷歌的本業搜尋引擎，玩弄了一點文字遊戲。Meng諮詢過丹尼爾・高曼、喬・卡巴金等人後，得到一個結論：此課程應以情緒智商為中心，並具備強而有力的科學根據。當然，現在已有許多振奮人心的資料顯示，正念練習跟大腦內部的改變相關，且有助我們技巧性地處理壓力、情緒上的挑戰。

二〇〇七年那一年，Meng邀請禪學老師及詩人諾曼・費雪（Norman Fischer）、還有社會禪修中心（Center for Contemplative Mind in Society）領導者米萊巴・布希（Mirabai Bush）共同指導第一堂「搜尋內在自我」課程。我從旁觀察兩位的引導方式，然後提供二十五位學員一對一的指導。接下來幾堂的重複課程則由我跟費雪一起帶領。隔年，大部分的課程由Meng、我、以及研究正念對大腦的影響的世界級科學家飛利浦・戈丁（Philippe Goldin）一起講授。

此課程得到許多正面回饋，在谷歌內部造成轟動。上上下下的員工對靜觀表示好奇，參加學員表示，他們馬上能感受到規律練習所帶來的成效。當時，靜觀這門科學新穎且深具說服力，所以我們決定以靜觀為中心來教導正念。對於心態開放但講求事實根據的谷歌工程師來說，這一點非常重要。「搜尋內在自我」課程命中了谷歌的要害，因為我們把靜觀、正念、情緒智商、科學和領導力等點串連成線，以探討谷歌高標準、節奏快的企業文化。不過，或許最重要的是，我們創造了一個開放、充滿信任的環境，培育出了一個關懷力、學習力十足的社群。學員們積極地敞開心胸，分享自己面對的痛苦、挑戰和可能性。此課程透過口耳相傳而聲名大噪，因為學員不僅發現自己擁有優秀的領導力，整體幸福感亦有顯著的進步。數年後，根據學員做的課前、課後自我評估調查，以上的觀察正確無誤。

到了二〇〇九年，排隊等候參加課程的谷歌員工愈來愈多，只要招生訊息一公布，幾分鐘內名額就會被搶光。二〇一一年，我跟 Meng 認為時機已成熟，決定在谷歌外開設「搜尋內在自我」課程。隔年，我、Meng 和戈丁創立了 501c3[8] 非營利組織「搜尋內在自我領導力機構」。我是執行長，Meng 是董事長，戈丁則擔任第三董事。

8. 501（c）是美國國內稅收法理的免稅條款，501（c）（3）則規範了宗教、教育、慈善、科學、文學、公共安全測試、促進業餘體育競爭和防止虐待兒童或動物等七個類型的組織。

到了二〇一二年末，「搜尋內在自我領導力機構」搬進位於舊金山普瑞斯帝歐（Presidio）的第一間辦公室。我們雇用了五位全職員工，正在跟許多不同的組織談合作案，且剛開始在舊金山市區開設一般大眾課程。二〇一三年，為因應谷歌內部的需求，我們首次開設「搜尋內在自我」師資培訓課程，當時共有十二位谷歌員工參加。

上「搜尋內在自我」課時，教導正念、靜觀是很重要的工作。跟這十二位培訓師資初次見面時，我們請費雪來幫忙站台。Meng 在講話時，我坐在費雪旁邊，遞給他當天的流程，提醒他接下來要上台說些話。或許費雪沒放在心上，但他的講話內容應該著重於教導正念時必須注意的事項。我跟費雪交談後，他安靜地在一張白紙上寫下演講大綱。

費雪寫下了他認為教導正念時應遵守的七大準則。輪到他說話時，他即興地侃侃而談。在旁邊仔細聆聽的我清楚知道，這些法則是精通正念領導力的有效方法，不僅只適用於培訓師資而已。後來，我將這七項準則張貼在每位「搜尋內在自我領導力機構」員工的桌上。我將這些準則視為指引，引導我打造理想中的工作環境，教我如何傳授領導力、展現領導者的風範並活出自己的人生。

此後，每當我在谷歌演講時，或在世界各地參與正念領導力會議時，就會將這七項準則放到講稿裡。然後，有一天在做早晨靜觀時，我突然想將這七項準則整理成正念領導力手冊，有點類似本書的樣貌。隨著想法的具體化，我撥了一通電話給費雪，問他我能否引用他的話作為下一本書的中心思想。

沒想到，費雪卻回說，「我說了什麼？我一點印象也沒有。」我把這七項正念修練一一念給他聽後，他只說，「喔，很不錯！我非常期待你的書出版。」

Part 1

調查

第一項正念修練：熱愛工作

愛是給予事物有品質的關注。

J.D. 麥克拉奇（J.D. McClatchy）

我還記得，剛開始在谷歌總部加州山景城一起帶領「搜尋內在自我」課程時，有一次我們請學員練習「正念傾聽」。正念傾聽是當一個人說話時，另一個人靜靜地傾聽，不發問也不打斷。透過此法，你可以跟他人一起練習靜觀裡的覺知力。全神貫注地傾聽是培養良好溝通的技巧，也是一種出眾的能力。我在解釋練習的步驟時，會請說話者不要自我設限，或許，連你也會被自己脫口而出的話嚇到也說不定。接下來，兩人一組以輪流的方式，回答以下兩個問題：你今天為何而來？你今天來的真正目的是什麼？每個人都講完後，回到團體時間，大家再用幾分鐘分享仔細傾聽、不插話的感受。

在那課堂裡，我不得不注意到一位坐在教室後方的年輕女性，她一邊說話，一邊拭去淚水。隨著時間的流逝，她的啜泣聲愈來愈清晰。等每個人都講完後，我請大家分享，將靜觀帶入講話、傾聽的感覺如何？第一個舉手的，就是這位激動落淚的女性。她介紹自己是一名工程師，並坦承當談到她為什麼來這裡、來這裡的真正目的時，一股強烈的情緒油然而生，連她自己也驚訝不已。這些問題讓她憶起為什麼自己一開始會對靜觀、正念感興趣，也喚醒了伴隨忙碌生活而來的失落與悲傷。練習時，她脫口而出的話反映了內心深處的脆弱，讓她覺得自己被關注。她感受到自己是人、而非工程師的角色。她渴望被關注、被珍惜，在工作和人際關係上，也想更積極地建立連結。

○啟發、抱負和同謀：呼吸

「熱愛工作」是正念領導者的第一項正念修練，這絕非偶然。正念的工作從愛、深入關懷開始。愛是身心靈的結合，不單單只是一個概念和感受。

「熱愛工作」是一項非常實用的練習，有助我們在逆境中尋找出路。對於自己熱愛的人事物，我們總會多一份關注。當手邊的「工作」看似困難或無聊，甚至出現矛盾、阻力和挫折時，唯有以愛相待，才能看清楚真正重要的東西，並接受困境為過程中的必然。愛是一股強大的動力，有助於你採取行動或與他人互動。當你開始練習做自己，努力看得更透徹，而非被匱乏或孤立的錯覺迷惑時，愛的力量更是強大。

愛有很多種，這裡談到的愛類似約瑟夫・坎伯（Joseph Campbell）所謂的「英雄之旅」的第一步，他將其稱為「召喚」。召喚是專注力的大幅轉移、存在方式的改變，召喚要我們脫離平凡世俗，追求非凡脫俗的境界。坎伯說：

> 英雄的召喚是前往森林、地下、深海或天上的王國、祕密島嶼、高遠深山或夢幻國度。不管地點為何，那裡一定有詭譎多變的生物、意想不到的折磨、超人類的舉止，還有不存在於現實的甜美收穫。

接受召喚有助於提升覺知力、意識力。英雄扮演關鍵的角色，在水深火熱的困境中（多變生物、意想不到的折磨）完成「超人類的舉止」。在神話故事裡，他們常到神祕又夢幻的地方遠行，但只有在接受召喚時，才代表英雄重新認知到自己的角色、目的、狀況和風險。

本質上，熱愛工作與召喚很像，主旨是要我們以愛作為改變的動力，迎接領導力、工作、人際關係和人生各面向。這種愛源自內心深處，啟發我們承擔風險，鼓勵我們勇於追求最重要的事物。

啟發的英文（inspire）源自拉丁文（inspirare），意思是呼吸、注入。我們被注入了愛，因此呼吸裡充滿著愛。有了啟發之後，接連而來的是抱負（aspiration），抱負也源自呼吸這個字。熱愛工作是抱負的展現，而我們的抱負，也就是我們渴望的東西，是我們窮盡一生的目標。這些東西形成一種意向、持久的承諾和誓願，在階段性工作完成或失敗時，持續提供鼓舞的力量。在佛學裡，「召喚」等同啟發和抱負，可用兩種主要的誓願來表示：

> 眾生無邊誓願度
> 煩惱無盡誓願斷

這兩種誓願存在本質上的矛盾，根本無法達成，不過，愛毫無所懼。愛偏好高難度的挑戰、看似不可能的任務、還有顛簸難行的路。不過，話又說回來，從很多面向來看，人類的存在本來就是為了挑戰不可能。

我常把靜觀、正念的工作描述成同謀（conspiracy），這個英文字的字面上意思為「一起呼吸」。靜觀聽起來像是一個人的活動，其實不然，靜觀跟接受正念的召喚一樣，並非孤軍作戰。啟發、抱負的實現皆有賴同謀，唯有如此，大家才能一個鼻孔出氣，幫助彼此活出自己，以及療癒彼此和世界。對我來說，同謀體現了彼得·杜拉克所謂的關鍵企業文化。

探索價值：你熱愛什麼？

問問自己：

你受到什麼啟發？

什麼讓你精神振奮？

你有什麼抱負？

對你來說，什麼事是最重要的？

你最喜愛什麼？

《模範領導（The Leadership Challenge）》是一本暢銷又經典的領導力手冊，出版於一九八七年。書裡，作者詹姆士・庫賽基（James Kouzes）和貝瑞・波斯納（Barry Posner）訪問了美國陸軍少將約翰・史丹佛（John H. Stanford）。史丹佛戰功彪炳，獲頒無數勳章，他退休後成為西雅圖公立學校制度的負責人。兩位作者向他請教通用於企業界、非營利事業、政府或學術界的領導者培訓祕訣。史丹佛的回答是：

> 成功的祕訣在於心中保有愛。心中有愛就能點燃他人、看到他人的內心深處、擁有更強大的動力來完成事情……除了愛之外，我不知道人生還有什麼東西更激勵人心、更正向。

為了特別強調這一點，庫賽基和波斯納在結尾時下了一個結論：「領導力靠的不是大腦；領導力靠的是心。」

我非常同意，這就是為什麼「熱愛工作」是正念領導力的第一項正念修練。試試看：我在「搜尋內在自我」課程裡，協助研發以下練習來幫助學員探索自我價值，釐清對他們而言最重要的事，以及熱愛的事物。

在筆記本或紙上寫下你最仰慕的三個人的名字。不論這個人活著或已過世，是你的朋友或歷史人物，都沒有關係，就算是虛構電影人物、卡通人物也可以。你第一個想到誰？或許連你自己也會覺得不可思議。

接下來，寫下一兩句話，說明你選擇這三個人的原因。他們做了什麼事情、他們對你來說代表什麼意義？想像一下你選擇他們的情境。（請先做完此練習，再繼續往下讀）

通常你選擇的人、仰慕的人，反映出對你來說最重要的事。這樣說準嗎？接著，根據你對這三個人的描述，寫下你認為最重要的三到五個價值。在思考的同時，或許你選擇的人沒有反映出的價值也會浮現腦海，不妨也把這些想法寫下來。

完成你的價值清單後，選擇一個或多個造句範例，再把你的想法寫下來：

- 對我來說，最重要的是……

- 我所重視的價值是……
- 這些價值如何呈現在我的工作中、生活上……
- 這些價值如何跟我的工作、人生不一致……
- 我可以做以下事情，努力消弭落差……

○愛是什麼？

愛是領導力的「召喚」，但不妨把愛定義成第一項正念修練要完成的事，這樣一來比較有幫助。

雖然愛的定義有成千上萬種，但我想把重點放在構成愛的四種特質。在佛學裡，這四大特質被稱為四無量心。勤加練習的話，每一種特質會不斷成長，且這四種特質的共同成長空間無可衡量。這四大特質是：

- 慈心
- 悲心
- 喜心

* 捨心

慈心：慈心即是關懷他人。還記得好幾年前，我還在松枝之舞當執行長時，有一間雜誌曾訪問我關於禪學與企業的整合。記者問我，「可以談談你在職場上禪修的樣子嗎？」我回答說，禪修的根本在於慈心，也就是關懷與我共事的人，對同事、客戶、廠商、甚至對自己友善。記者顯然對我的回覆不滿意，於是繼續追問，「不，我想問的是，你如何在職場上禪修？」我覆誦同樣的回答並強調，說往往比做來得容易，尤其是當事情出錯、爭執不斷或資金周轉不良時。在職場上，慈心可以起很大的作用。

悲心：悲心分為三個部分，包括感受他人的痛苦、了解他人、以及助人的熱忱。悲心，還有用悲心來帶領團隊，是正念領導力的基礎。悲心是貫串本書七項正念修練的中心思想。

喜心：不需仰賴外在環境，就能感受到發自內心的快樂叫喜心。喜心是感謝生命的美好。工作表現好、拿到獎金是小我的喜悅，但這裡指的是大我的快樂，萬事萬物不論好與壞，都值得我們心生喜悅。喜心有時候也被翻譯成憐憫的喜悅，或者了解、感受和祝福他人的喜悅。

捨心：捨心是放下自我、學會接受，以及凡事以平常心面對。捨不是要你壓抑情緒，而是在壓力、困惑、改變、挑戰和急迫之中，找回從容自若的淡定。

在釋迦牟尼的早期開示裡，他指出練習四無量心的諸多好處：

- 睡得好
- 醒來時心無罣礙
- 受到他人的喜愛
- 容易專注
- 容光煥發
- 死亡來臨時，大腦清晰明朗

這些好處不錯吧！我還想補充一點，如果你用上述方法規律練習「熱愛工作」，你會比較開心，身旁的人也會比較快樂。你會辦事更有效率、更成功，也會讓身處的企業文化更有互動性、充滿創意和輕鬆愉快。

「工作」是什麼？

「熱愛工作」指的是不論做什麼事都要有愛，不過，本書裡的工作還有一個特定的意思，那就是培養正念。這意味著看清楚實際正在發生的事情，放下既有的狹隘觀點。這麼說或許有點自相矛盾，但培養自我覺知是為了擺脫自我中心的心態。正念是抱持好奇心、以開放不設限的心態去質疑一切。

熱愛工作等於敞開自己，留意我們如何畫地自限、形成狹隘的思維。借用先前提到的概念，藉由培養大心的視野，我們得以擁抱、超越小我的預設模式網絡。當你放下自我指涉的恐懼和擔心後會發現，好奇心、連結才是我們真正的預設存在模式。熱愛工作意味著認知到現實、存在方式不只一種，而我們不應該過度相信自己眼中的現實。

正念的工作是勇敢踏出去，從外部檢視自己，注意到未曾覺察到的事情。我們要辨識隱藏在內心的恐懼、盲點、偏見和假設，這代表探索人生之所以卡關的盲點、自我設限的根源，以及墨守成規、裹足不前的原因。透過熱愛工作，我們建立自我信任感，提升自己的可信度，也得以培養內在力量，改善人際關係和成效。

這項工作需要勇氣。所謂的勇氣不是拯救他人生命、擊退壞人的體力，而是開誠布公、面對脆弱的勇氣，像那位在大家面前哭泣、分享痛苦的女性谷歌工程師一樣，赤裸呈現自我的勇氣。縱使情緒萬般，也要發聲並採取行動，這才是勇氣。勇氣所帶來的收穫，絕對值得你的傾盡付出。

○靜觀：學會凝視、窺探、偷聽——

靜觀是培養正念的基本功，正念的目的則是培養我們質疑現實、接受改變、困境和未知的能力。最近幾年，此成效已獲得科學驗證與量化。舉例來說，布里塔・赫策爾（Britta Holzel）、莎拉・拉扎爾（Sara Lazar）等人在二〇一一年所發表的「正念靜觀如何運作？」裡提到正念靜觀的幾項顯著好處。該研究摘要如下：

> 修行者仔細觀察自己的意識後，了解到意識的內容不斷在改變和流動。正念、不加批判的觀察有助修行者從意識的認同中抽離。此過程被稱為「重新思考」或「抽離中心」……亦被稱作「觀察者角度」的建立……

我們來看看這段文字翻成白話後的意思：

「**仔細觀察自己的意識**」：正念練習、質疑現實的重要一環是觀察思緒、情感和感覺，也就是覺知到自己的感受。有時候我們有感受，但不完全知道什麼誘發了感受。我們也會為自己建構一個身分，利用「我」來表達特定的慾望和厭惡。正念有助親近自我意識，了解自己的習慣和模式。

「**了解……改變**」：對靜觀時的思緒流動愈熟悉、對改變有更多深切了解後，此特色就會體現在每個覺知的當下。

「**從……認同中抽離**」：透過正念，我們可以看清楚，自己的人生故事是主觀建構下的產物，而非客觀的現實。但誠如谷歌工程師所說，我們不只是自己想的那麼簡單。靜觀有助我們往後退一步，站在旁觀者的角度，觀察個人的思緒和情感。因此，我們得以用更多元的角度檢視自己。

「**重新思考**」：重新思考與上述的抽離息息相關。練習關注自我思緒、情感和視野，就能減少對它們的認同，並用嶄新或正確、實用的態度來檢視它們。

○正念靜觀練習

我們來試看看吧。

首先，將專注力放在身體上。坐下來，不論是坐在椅子上或靠墊上，只要可以同時達到完全的警覺與放鬆即可。

放鬆的第一步是鬆弛眼睛周圍和臉部肌肉，你可以張開眼睛但不要聚焦，也可以閉上眼睛，只要你覺得舒服就好。注意到身體哪一個部位不舒服或緊繃，儘量放鬆。注意到轉折的過程，從你正在做的事情到停下、中斷、放下的過程。無論你正在忙案子、處理待辦清單或有未完成工作，請全部放下，這些都可以等練習結束後再說。

要提升警覺的話，請坐得比平常要挺直一些，將專注力放在脊椎，並稍微拱背，自由選擇手腳的擺放位置。打開肩膀挺胸，讓呼吸順暢不受阻。我們常常呼吸不順卻不知道為什麼，這就是原因所在。

現在開始將專注力移轉到身體上。注意到雙腳接觸地板、雙手輕放在大腿或膝蓋上的感覺。注意到你坐在椅子上或椅墊上的感覺。放鬆下巴的肌肉。讓你的心與身體同步。

接下來，專注於你的呼吸。覺察到就算你什麼都不做，呼吸也不會停止。注意到每次的呼氣、吸氣，以及呼吸之間的空檔。你能不能用好奇的心態來觀察呼吸，像小孩一樣，彷彿生平第一次察覺到呼吸？其實，這次的呼吸獨一無二，過去不曾有，未來也不會再發生，因此值得我們用心關注。關注時，請抱持好奇心、加上一點對自己的關懷。請別忘記，對自己採取開放、關愛的態度是正念靜觀、熱愛工作的根本。

你在想什麼？你的大腦是忙碌的、平靜的、疑惑的，還是開放的？只要關注就好，然後慢慢把專注力拉回到身體和呼吸。

你有什麼感受？你的情緒如何？這次也一樣，只要關注就好。請與你的情緒同步，也可以深入追問自己：**我的心裡出現了什麼？我最深層、最原始的情感是什麼？我熱愛什麼？**

想想你最愛的人，你的伴侶、小孩、父母或親密友人。讓自己感受到深層的關心、感激和連結。放下所有的悲歡離合、喜怒哀樂，沉浸在被愛、被欣賞的幸福中。現在，看看你是否能延伸關愛的範圍，想著：**希望每個人、所有生物都能歡喜，希**

望他們都能自由自在、心境平靜。

下一步很簡單，只要放下以上的思緒，漸漸地將專注力帶回到身體或呼吸。

注意到你此時此刻坐在這裡的感受為何？在不做任何改變的狀況下，你是否能放下是非黑白，簡單地專注於你的經驗？你現在有何感受？活著是什麼感覺？你能否能秉持好奇的心態，詢問自己以上問題，並誠心接受所有的答案？

有時請專注在呼吸、身體和情感上，有時不妨打開你對聲音、燈光、所有感知的覺知，敞開身心接納所有。

再靜坐幾分鐘，用恰如其分的努力開啟覺知。

接下來，準備好之後，將專注力轉移到你所在的空間，還有接下來要忙的事情。看看你是否能將專注力、開放心、好奇心和關愛帶入日常生活。

○違抗召喚：三種猩猩

我一直覺得很有趣的是，在約瑟夫．坎伯的英雄模式裡，「召喚」之後的下一個階段是「違抗召喚」。神話故事裡，英雄通常會先接收到一個清楚的召喚，接著內心會馬上充滿懷疑、猶豫或恐懼，我的人生即是如此。啟發和抱負難以持久，我們或許真地很想「熱愛工作」和練習正念領導力，但愛往往伴隨著阻礙和風險。愛代表脆弱、毫無防備，而看清楚事實等於承認痛苦、失敗和限制。

生物演化史告訴我們，人類經過幾百萬年的演化只不過是為了一件事情：活下來並將基因傳給下一代。因此，演化後的我們感受到恐懼、不滿，以及與他人連結的渴望。不過，這些承襲而來的特質卻是愛的絆腳石、正念領導力的阻礙。簡而言之，在多數情況下，我們的直覺是明哲保身，所以每當威脅出現時，我們習慣畏懼不前。

我的朋友馬力歐（Mario）是一位在谷歌工作的科學家，他很喜歡把「我們都是**緊張猩猩**的後代！」這句話掛在嘴上。頭腦冷靜、從容自若的猩猩最後都被物競天擇淘汰了，牠們遭到侵略者殺害吞食，沒有存活下來。身為緊張猩猩的後代，我們習慣掃描內外環境的威脅，在生死一瞬間的關鍵時刻，寧可錯殺一千也不願意放過一人。當然，人身安全受到威脅之際，這無可厚非。在此情況下，把任何威脅視為生死之戰都是明智之舉。

不過，這種思維已不切合現代社會，而且存在瑕疵。現代社會裡，威脅確實無處不在，但卻很少直接衝擊到我們的生活。儘管如此，我們的神經系統仍然以既有的方式回應。不論是回覆一封生氣的電子郵件，或對付一頭飢餓的老虎，我們大腦裡的警鈴（杏仁核）都會大作，啟動緊張機制。

這個藉由掃描方式以辨識威脅的機制，孕育了我們內在負面評價、悲觀的特質。研究顯示，我們常常對自己過於嚴苛，而且與正面情緒相比，我們感受到負面情緒的速度較快、衝擊較大。緊張猩猩不喜歡呈現脆弱的一面，也不喜歡提出困難的問題。的確，現實的殘酷會讓人備感威脅。我們或許深信熱愛工作、看清事實才是處理問題的好方法，才是通往永續安全、滿足和成功的康莊大道，不過，緊張猩猩要被安撫、說服，才會點頭同意。

我們也是**想像猩猩**的後代。在演化的過程中，我們祖先衍生出意識力，也就是意識當下，同時能回顧過去、想像未來的能力。沒錯，我們的大腦可以編織任何故事情節，刻畫任何現實，很厲害吧。不過，我們卻常將意識力視為理所當然，很少認知到想像力所具備的魔法。意識力是一項了不起的能力，但其從何而來、到底有哪些作用，至今仍是一個謎。我們透過想像力還能塑造一個身分、一個自己。所謂的自己不只影響了想法、感情、情緒、推測和信念（有些是事實有據，但許多是基於想像），也會受到它們的左右，在兩方相互作用下，最後形成「我」的人生。我，加上家人、朋友、組織和文化，我們一起建構了社會和世界。所謂的法律、界線、婚姻、制度、金錢等，都是人類集體想像力的豐碩成果。

奇怪的是，雖然想像猩猩擁有無限想像的能力，牠仍不滿足。人類演化、人性的另外一個特質似乎是永不滿足，我們渴望更多更好的食物、性愛、金錢、地位等。想像猩猩永遠在比較、較勁、批評和向前思考，因此在某種程度上，我們幾乎只關心跟他人比起來自己缺乏什麼、自己想要什麼。就算到手了，我們還是容易陷入失去的想像，讓滿足感大打折扣。當然，就生存而言，判斷、因應潛在危機的能力是一項很大的優勢，但對於看清現實而言卻非如此。舉例來說，享受完性愛、美食後，我們往往感受到的不是滿足、完整。滿足的感受、經驗會漸漸消磨，然後我們又開始尋找更多更好的經驗。

因此，想像猩猩也是正念領導力的另一項潛在障礙。好消息是，我們可以鍛鍊想像力，使其更滿足、完整，並停留在當下，而非躊躇於過去、想像著自己的匱乏、等待著悲觀的未來，並（往往不準地）推測著他人的想法和意向。

最後，我們也是**同理、社交猩猩**的後代。我們需要與他人建立連結，且本能上可以感受他人的痛苦、喜悅等許多情感。經驗上，我們很早就知道人類具備這項能力，但一直要到一九八二年一項以猴子（很諷刺吧）為對象的研究出爐後，才獲得科學證實。義大利帕瑪大學（University of Parma）研究員發現，受試者在做某項動作、好比吃飯時，其大腦神經活絡的區域，跟受試者觀察他人做同樣動作時相同。

誠如上述其他兩種能力，此特質很可能也是演化來的，當個體並肩合作時，存活跟養育下一代的能力比較好。對於跟他人建立連結，人類擁有強大且原始的需求。我們的身分、對於自己存在的意義和目的、看待自己的方式，以及處理思緒、情感和行為的方法，全脫離不了我們與家人、朋友、同事和所屬社群的關係。

因此，我們常選擇跟信得過、易於理解和溝通的人站在同一陣線。不過，與他人建立連結往往不等於獲得安全感。同理猩猩想強化與小團體、家族或部落之間的連結，但也害怕內部失和。於是，同理猩猩只好把外部的人全都視為威脅。

從正面的角度來看，這三種猩猩代表人類三項基本需求：安全、滿足和連結，也暗喻人類三個重要面向：身、心、靈。但面對威脅時，三種猩猩卻常訴諸慣性反應，或一開始以負面方式表達自己。緊張猩猩對自身安全感到恐懼，想像猩猩對自己和他人不滿，而同理猩猩心懷畏懼且鼓勵敵我分明。

換句話說，這三種猩猩代表人類的三種無窮潛能：一、可以成大事、立大業的強烈自保能力；二、非常進化的想像力；三、與人連結的渴望，以及溝通、感同身受的強大能力。不過，潛能亦是一把雙面刃，當正念領導力的召喚響起時，幫助我們的成功特質也可能以安全、自保之名，違抗召喚。

我們可以存活在混亂不堪、滿是誤解的世界，創造一個以恐懼、不信任為基礎的世界，用想像力來強化恐懼，並棄同求異。不過，這條路很可能導致壓力與不快、不公平與分化、誤解和暴力。令人難過的是，這似乎是我們一手創造出來的世界，也就是目前世界的樣貌。

不過，身為正念領導者，我們可以**培養愛與理解力，承認自己的脆弱、對威脅小題大作的惡習，並用想像力來平靜、馴服和改變內在恐懼**。我們可以培養對自己的信任，深入觀察我們跟他人的共同點，接受人與人是環環相扣的事實。我們能看清楚，人類是生活在這個世界、共享一個星球的大家庭。我們也能施展抱負、創造另一個現實：利用同情心、同理心的本能，打造一個以信任、理解為本的世界。我們有辦法將恐懼轉換成希望，大步向前，創造一個充滿意義、滿足、連結、健康和合作的人生。

試看看：試想深藏在你內心的三種猩猩。花一點時間認識牠們、了解牠們。以緊張猩猩來說，注意到你什麼時候感到安全、什麼時候會掃描威脅。盡可能聯想到這幾天或幾週前發生的事情。你身體的哪一部位讓你感到安全？掃描威脅、心懷恐懼的感受為何？

至於想像猩猩，注意到你對食物、性愛或娛樂的需求。注意到讓你滿足、不滿足的念頭是什麼？想想看你跟同事或親朋好友如何互動？

至於同理猩猩，請想想看，感同身受是什麼感覺？覺知到你具備這項能力。注意到你對連結的渴望，什麼助長或抑制你對連結的感受？愈詳細、愈好奇、愈誠實愈好。不妨將你的發現全部記錄下來。

○辨識創意落差和真相

「熱愛工作」是指接受正念的召喚、練習正念，用清晰的視野看世界。這聽起來很直接好懂，透過正念，我們想釐清改變、現實和抱負。不過，三種猩猩可能對此感到被威脅。我們要意識到，克服內在阻力是必然的，因為這是看清楚的代價。

舉例來說，現實很討厭的地方在於它不斷改變，攪亂我們的希望、夢想和想像。當理想、計畫與現實有所衝突時，現實往往是獲勝的那一方。所謂的現實可以是身體衰敗、心靈老化、情緒波動、業界動盪，或親朋好友、同事等他人對優先順序的重新洗牌、情緒更迭等。

我們或許不想承認現實與期待背道而馳，但若不承認，到最後麻煩的還是自己。我們要看清楚事實，套一句軍事用語，我們要看清「真相」。真相是在戰場上發生的血淋淋事實，並非情報資料或作戰計畫的預測。真相是你跟自己、摯友才會分享的真實感想，而不是想像、預測或在他人面前偽裝的樣子。

花一點時間，想想看你在以下領域的「真相」為何：

- 睡眠、運動、飲食和心理等健康狀況：你的狀況跟理想有何不同？
- 工作：現況如何？真相是什麼？
- 你的基礎人際關係：你感到滿意或不滿意，為什麼？

不論在戰場上或生活上，真相與理想永遠存在著「落差」。可以的話，我們都想消弭落差，但首先要看清楚並接受落差。所以，熱愛工作的重要練習之一是了解現在處境、你的目標，以及兩者之間的落差。練習時，你要對自己感到好奇、表達欣賞和關懷，同時也要「凝視」現實與理想。這項重要、看似自相矛盾的練習是接受現實（真相）與理想之間的落差同時，也要欣賞現狀，而非力求改變。

彼得．聖吉（Peter M. Senge）在《第五項修練（The Fifth Discipline）》這本顛覆傳統思維的書裡，把這些落差稱為「創意拉鋸」。他說，領導力的重要技能之一是與落差和平共存，無須為了安慰自我而多做掩飾，或者尋求其他方法來消弭落差。

試試看：了解你在不同領域的「真相」後，請指出一些重要的創意拉鋸。在哪些領域裡，現實跟理想落差最大？有什麼方法可以縮短或消弭落差？

你需要什麼協助？

有沒有什麼技巧性談話可以幫上忙？

到現在為止，阻礙你消弭落差的理由？

你需要做什麼才能接納、而非改變落差？

○領導者的工作是正念

欲了解靜觀對領導力有何助益，一個方法是把領導者做的事拿來跟正念的好處作比較。我每次這麼做時，都會很訝異於兩者出現高度吻合。

領導力的定義有很多，在此脈絡下，我將領導者的工作簡化成三件事。

1. **思考**：領導者善用智慧來規劃安排、展望未來、解決問題、保持專注和從多元角度看事情。
2. **傾聽**：領導者關心他人，與他人協作以完成共同夢想，也就是展現開放、脆弱與好奇心。
3. **支持**：領導者努力在被需要時現身，並維持清晰思緒、開放情感和可信度。他們創造以說故事、變通力和責任為中心的正向規範，並影響企業文化。

以上三項領導能力剛好與三種猩猩的缺點重疊。思考是解決緊張猩猩情緒上慣性反應的良方；傾聽他人的意見可以解救陷入不實、自我論述裡的想像猩猩；支持則可以強化團體內部的凝聚力、激勵團員採取行動，這對同理猩猩來說，不是一件簡單的事情。

此外，**培養清楚思維、訓練深層傾聽（自我和他人），還有開發個人處在當下、坦率真誠和適切回應的能力，亦是正念練習的目標。**

在學術界，這些正念的好處正在被量化中。理查・戴維森（Richard Davidson）是世界知名科學家，專攻靜觀和靜觀對心理健康的研究，他在《平靜的心，專注的大腦（Altered Traits）》一書裡，與共同作者丹尼爾・高曼（Daniel Goleman）提到靜觀在四大面向上的助益。

- 紓壓，減少對煩事的慣性反應。
- 提升同理心、同情心。
- 提升專注力、維持專注力，還有打開覺知，從不同角度看事情的能力。
- 放下自我、減少以自我認同的能力，讓自己更泰然自若、心懷感恩。

換句話說，領導力、正念的目的是看得更清楚，在現實裡活得更透徹。領導者關心世界上不斷改變的相對現實，像是市場上、職場上的動態。對於公司內的現有技術、人才、主管，員工士氣以及公司試圖延攬的人才，領導者也相當在意。不論是正念或領導力，看清楚意味著不逃避困難、衝突和痛苦，藉由解決困境，努力達到和諧一致、透徹理解。領導力是解決問題、啟發與賦權他人的能力。透過正念練習，這些能力都能被激發。

正念和領導力的基礎定義裡都有「看清楚」這項能力。正念、領導力的最終目標是看透我們的錯誤假設、偏見，還有那些招來不必要壓力與恐懼的狀況，以發揮自己的原有潛能。

然而，看清楚還有另外一層意義。看清楚代表接納痛苦和無常，看穿我們的相對處境，也就是所謂的日常生活裡的現實。看清楚意味著從一個絕對的角度看自己、體驗世界，這裡沒有匱乏，所有事物皆緊密相連。這樣的視角屬於大心的視野，而大心則是靜觀和正念的基石，及成為卓越領導者的方法。

○求道之心

「熱愛工作」不是簡簡單單的一個想法而已，而且召喚的樣貌多元，可能異乎尋常、平凡無奇、不易察覺或令人意外。或許在不知不覺中，你已經放下之前認為重要的事情，發現了全新的目標。

熱愛工作是一項十分崇高的練習，好比畢生志業或存在方式。就像是音樂家一樣，不論自己是否能登上卡納基音樂廳的舞台，他們為了演奏而演奏，不需要任何理由、誘因或解釋。

什麼東西讓你精神振奮？什麼促使你想要提升覺知、幫助他人，讓世界更好？你為什麼想了解正念、這本書和投入這些事情？

禪學裡有一個說法叫做求道之心。當一個人踏上正念、大我之路時，也就是本書所說的「熱愛工作」時，辨別事件、念頭和想法的行為即求道之心。若懷抱求道之心，就能培養更開放的心胸與理解力，覺知之路會愈走愈寬，也能擁有更深奧、神聖的體驗。深奧且神聖的體驗已在前方等著我們，是否踏上正念之路純粹取決於我們覺醒的決心。誠如沃克．埃文斯（Walker Evans）所說，我們應該要「凝視、窺探、偷聽、傾聽，為了了解而死。」

常常有人問我，為什麼當初會接觸正念練習？你什麼時候開始熱愛工作的？

是什麼啟發二十歲出頭的你投入正念？我有很多回答的方式，但或許最準確的答案是：我不知道。誰能解釋為何一位出身於紐澤西州中部小鎮工人家庭的年輕男孩，最後會搬到加州，並且在舊金山禪修中心住上十年？我不全然知道，但卻可以指出幾個關鍵事件、重要時刻。

亞伯拉罕．馬斯洛（Abraham Maslow）著的《人格的潛力與成熟（Toward a Psychology of Being）》這本書是關鍵之一。當時，我在羅格斯大學[1]念大一，因剛跟初戀女友分手而感到沮喪。心理學老師剛好指定我們閱讀馬斯洛的書。他對自我實現的見解深深地打動了我，讓我不得不正視自己因幼稚、貧乏而感到的痛苦，還有自己未發揮的潛力。因為馬斯洛的書，我看到了自己的潛能，我不禁好奇，為什麼大家不熱愛工作呢？這就是我接受召喚的那一刻，從此之後我便開始熱愛工作。

什麼關鍵事件、重要時刻造就了現在的你？你什麼時候開始熱愛工作的？

試看看：在筆記本裡，寫下屬於你「求道之心」的心路歷程。寫下你什麼時候開始想當領導者、想成為更好的人、想活得更有覺知、深度和聖潔。召喚的當下是否很痛苦，還是深具啟發性？寫下發生了什麼事、你的感受、你從自己身上和自己的人生裡學到的教訓，以及未來的走向。也請探索你的痛苦和可能性。

熱愛工作　重點練習

- 詢問自己：什麼東西讓我感興趣，又是什麼讓我真的精神振奮？
- 藉由指出你景仰的人和他們所代表的價值，找尋你的價值或熱愛的事物。
- 練習四無量心：慈心、悲心、喜心和捨心。
- 培養正念力，讓自己看得更清楚，練習靜觀。
- 花時間了解你內心深處的「三種猩猩」，牠們代表你的恐懼、不滿和與他人連結的需求。
- 了解你的真相，辨識出創意落差。
- （在筆記本裡或跟朋友）訴說你的「求道之心」。是什麼讓你熱愛工作？

1. 羅格斯大學（Rutgers University）位於美國紐澤西州，是一所享有盛名的公立研究型大學。

第二項正念修練：身體力行

介入是否成功，取決於介入者的內在狀況。

比爾．奧布賴恩（Bill O'Brien）

若把熱愛工作比擬成充滿啟發、抱負的召喚，那「身體力行」就是將這份愛付諸實際行動。如果熱愛工作是正念領導力的墊腳石，那身體力行就是成為正念領導者的過程，像是規律正念練習、展現價值和抱負、與他人技巧性互動，還有將培養覺知力、助人為善視為畢生志業。

要怎麼才能成為你心中理想的正念領導者？這個回答就跟卡納基音樂廳的笑話一樣：**除了練習，還是練習。**

「身體力行」就是這麼簡單。隨時提醒自己要規律練習，將正念導入領導力、職場、家庭、人際關係和日常生活。從練習的角度而言，「身體力行」意味著把每一件事情都視為學習、成長，且看得更清楚的機會。

○兩種練習：投入與整合

談到身體力行時，我把正念練習分為兩種：投入練習與整合練習。這其實是人為的分法，畢竟從大心的角度來看，我們的所作所為都是練習。話雖如此，此區分對於日常生活還是很有用。這兩種練習都很重要，且相輔相成。

拿運動來比喻的話，投入練習等於一般的練習，也就是上場前「投入」學習、培養理解力和洞察力的時間。如果你是棒球選手，那就是你花在打擊場裡的時間。你的練習包括打擊上百顆球、緩慢揮棒、分析並調整揮棒、嘗試打擊多款球種等。整合練習則是真正的球賽，也就是在比賽進行中、在關鍵時刻將所學技巧當場應用出來。

然而，分析以上比喻會發現，以正念來說，投入練習和整合練習往往是同一件事。人生就是一場「球賽」，每分每秒都是關鍵。而且，我們不需要理由才能練習，練習是為了感受生命，而非試圖得到改善或謀取好處。

舉例來說，幾年前，我曾經共同帶領「搜尋內在自我」的一天課程，參加學員是在谷歌工作的醫生和醫護人員。我的搭檔是一位曾接受「搜尋內在自我」師資培訓的谷歌員工。介紹完正念、情緒智商的主題後，我的搭檔開始描述靜觀的過程：先專注於呼吸，再注意到那些讓你分心的念頭，最後再將專注力拉回到呼吸。接下來，他打了一個比方，「靜觀跟上健身房很像」，你把專注力拉回呼吸的同時，也在提升專注力，這就像鍛鍊肌肉時，要不斷重複相同動作一樣。

我跟他道謝後表示，我雖然同意這個比喻，但也認為「靜觀跟上健身房一點也不像」。我的搭檔顯得有點驚訝，他微笑地看著我，熱情地跟學員說，「知道了吧，這就是為什麼上課有兩位老師了！」還好，過去一年來我都在指導他，所以我們之間存在良好的信任基礎，他沒有因為我的反駁而動怒。

我解釋說，上健身房的比喻代表你帶著目的靜觀，你也期待自己進步。這樣做或許很有效、具鼓舞力量，但也可能阻礙靜觀的力量與好處。

另外一個靜觀的方法是拋下所有從事靜觀的理由，放下任何可能進步、獲得的念頭。靜觀時，只要感受安靜、靜止和活著的感覺就好，感謝過去的經驗，檢視和接納最真實的自己。這就是所謂的整合練習。從這個角度來看，靜觀近似於神聖的儀式、信任的展現，因為你相信自己，跳脫自我或期待。

日本禪學大師道元曾於十三世紀如此解釋靜觀練習：

我所謂的靜坐練習不是學習靜觀。靜坐就是通往寧靜、幸福的大門，頓悟前的演練。靜坐是最終現實的展現。陷阱和圈套無用武之地。抓到要領後，你就像是龍之於水、虎之於山。

因此，練習時，你不該用大腦來理解或汲汲營營於字句，而是要學會往後退、向內看。

我很喜歡道元大師詩意般的見解，還有他的智慧，以上都是他的經驗之談。他的意思是，靜觀裡沒有收穫或成就。光是停下來、呼吸和放下一切的行為，就能顛覆我們對練習的刻板印象，翻轉頓悟或自我實現的定義。在禪學裡，「往後退」指的是完全放下，與汲汲營營恰好相反。這跟「靜坐就是通往寧靜、幸福的大門」一樣，是很深奧的教誨。當然，這可能不是你（也不是我）對靜觀的日常經驗。不過，話又說回來，為何不是呢？是不是有什麼障礙？我深信，道元的話不只能激發我們，也極具實用性，他的話可以改變我們對靜觀練習，以及人生的既有看法。

道元用容易引起共鳴的比喻來闡述正念練習可以達到的境界，「就像是龍之於水、虎之於山」。這是我想在大家面前呈現的**領導者樣貌**，也是我想教導正念領導力、過生活的方式，換句話說，就是**泰然自若、充滿自信與歸屬感，專注於當下並隨時準備迎接挑戰**。

○投入練習

知道投入練習、整合練習之間的區別後，若想培養正念力、成為正念領導者，就必須持續做投入練習。這意味每天練習靜觀，刻意與「平常」的需求、壓力和活動區別開來。

以下是投入練習的靜觀方法：

- 靜坐
- 正念行走
- 寫日記

○靜坐

在第一項正念修練裡，我提到一個適用於任何人、可依個人需求做調整的簡單靜觀法（第67-69頁）。靜觀的種類、傳統和方法很多，沒有所謂對錯。不過，對於初學者來說，我建議愈簡單愈好。每天固定找個時間靜坐，就算只有幾分鐘也沒關係。

每當有人要我解釋靜觀、說明靜觀的諸多方法時，我會引用三個砌磚工的故事來說明。故事裡，三個砌磚工一起工作，三人看起來都在做同樣的事情，那就是砌磚。第一個砌磚工被問到他在做什麼時，他直接回答砌磚；同樣的問題問第二個砌磚工，他說他正在養家；第三個砌磚工則說，他在跟上帝溝通，因為他們正在建造一座教堂。

靜觀也是如此，乍看之下只是一個單純的活動，但事實上也可以代表很多不同活動。靜觀可以只是坐著，將專注力放在身體、呼吸、思緒和感情。過程中只需專注就好，慢慢地熟悉、親近自己，就像第一個砌磚工一樣。

你也可以像第二個砌磚工一樣，抱持著特定的意向或目標來靜觀，像是減壓、培養專注力與視野，或改善情緒智商。誠如我的搭檔所說，反覆將注意力帶回呼吸就像是在健身房鍛鍊肌肉一樣，只不過你訓練的是專注力。我們也可以帶著開放的覺知來靜觀，不專注於任何事物，以訓練心智的靈活度。

最後，靜觀也可以是一個神聖的動作，就像第三個砌磚工所述。道元大師說，我們要往後退，採取「寧靜和幸福」之姿，不要一心想著要靜觀。可能有人會說，這是在為靜觀下定義，但我覺得不只如此。此法可以帶來超越常理的全新體驗，誠如道元大師的開示，「放下身心，你的原始樣貌就會出現」。從這個角度來看，練習靜觀是為了展現健康、完整的「原始」自我。

靜觀等於上面的每一個活動，也是所有活動的總和。

○靜坐問答集

以下是我最常被問到的靜觀問題：

我應該多久靜觀一次？

最理想狀態是每天靜觀，但每週抽空靜觀幾次比完全不練習來得好。

每次靜觀應該持續多久？

我每次靜觀大概二〇到三〇分鐘，有時會更長。時間上，你覺得可以應付就好。我認識很多人每天都只靜觀幾分鐘而已。規律靜觀比時間長短來得重要。偶爾參加半天、全天或好幾天的靜觀營，有助深化練習。

我喜歡跑步、游泳和散步。這跟靜觀一樣嗎？

體能運動有助身心健康，也可以帶來許多靜觀的好處。不過，光是靜靜地坐著，什麼都不做，也有與眾不同的效果。

○正念行走

在我的認知裡，正念行走不是靜坐靜觀的替代品，而是輔佐的練習。就像是正念傾聽一樣，正念行走是將靜觀付諸行動的方式之一。

我教的正念行走有三種。第一種是最慢、最正式的，在禪修中心，靜坐之間的空檔有時也會穿插此練習。首先，請站起來，將專注力全部放在你的身心。呼氣的同時，往前踏半步。踏出步伐時，覺知到你正在把一隻腳從地上抬起來、抬到空中、再把腳放回地上。完成踏步的同時，將覺知放在身體上。一旦把腳放回地上後，吸氣並慢慢將身體重心往前移。下一次呼氣時，再往前踏半步，然後重覆同樣的動作。透過此練習，可同步化行走與呼吸。每天做五到十分鐘，不妨有空就做，讓練習成為規律。

正念行走跟靜坐一樣，有時只專注於呼吸和身體就好，有時也可以打開五官覺知，感受周圍環境、任何的聲音或感覺。當思緒浮現腦海時，注意就好，但往前踏步時，要將注意力拉回到身體和呼吸。

第二種比較不正式。練習時，帶著正念之心，慢慢地步行到一個二〇到三〇英尺[1]外的預定地點。到了之後停下來，轉過頭，再往回走。

我把第三種正念行走稱為隱形靜觀。這個方法是平常走路時，能專注於當下的行走。你可能正在走向廁所，或從廁所走出來、走向你的愛車、一場會議或一條自然步道。就是走路這麼簡單。但你知道你正在正念行走，你變得更專注於當下且有覺知能力。

不妨嘗試看看這三種正念行走。

○寫日記

寫日記所帶來的體驗、好處跟靜坐類似，寫日記時，你也是靜靜地坐著，專注於身心、呼吸和感受。許多研究顯示，寫日記有助於發展自我覺知、減輕壓力和促進身心健康。就像靜坐一樣，我建議你養成寫日記的習慣，每天寫幾分鐘，甚或更頻繁。

寫日記的方法有很多。上課時，我最常請學員自由寫作，這個練習跟靜坐很相

1. 一英尺等於 30.48 公分。

似。首先，選定一個題目後開始寫作，不須事前準備或編輯，內容就像是靜坐時，在大腦裡流動的意識。

試看看：拿起紙筆或打開電腦。選定以下一個題目後開始寫作，無須編修或思考太多，持續寫兩分鐘左右。你也可以設定鬧鐘或看時鐘、手錶以確定時間。寫下這個題目讓你聯想到什麼？看看你的腦海會出現什麼？沒有人會看到你寫的內容，或許連你也會對自己寫下的東西感到不可思議。唯一的規則是不能停筆或停下打字。如果你想不到要寫什麼，寫下「我想不到要寫什麼」，一直到有想法出現為止。

以下是一些造句範例，你也可以延伸出新的題目：

- 我的挑戰是……
- 我討厭……
- ……可以讓我精神振奮
- 愛是……
- 我現在的感受是……
- 我對現在的人生感到訝異的地方在於……

○整合練習：適切回應

在禪學裡，有一位學生問老師，「人生裡最重要的禪法是什麼？」老師說，「適切回應。」

如此簡單，又如此深奧。你的人生修行就反映在你的回應方式。所謂的整合練習，是如何將正念帶入日常生活，也就是當下的回應。

你如何回應生活裡的事件、驚喜、機會和問題？有效地、明智地、有技巧地、慣性反應地、溫柔地或強烈地？以上禪學對話的重點是，人生最重要的禪法是在針對不同的狀況，做出適切的回應。現代人的生活忙碌、被瑣事填滿，要做出適切回應確實不易。況且，究竟什麼才算「適切回應」呢？一個判斷是否適切的方法是反問自己：對於所有相關的人來說，什麼樣的回應最能得出最好的結果？

適切回應，是因應不同情況所做出的「最佳」回應，不但真誠、充滿活力、具技巧性、有效果，還反映出智慧、勇氣和同情心。適切回應大多與我們的價值、意向一致，所以是最誠摯、脆弱、開放和透明的回應。適切回應可以是憤怒或好奇，也可以是最善解人意或最令人意外的回應。適切回應可以是為了錯誤、失常表現或為無心之過做出的由衷道歉，也可以是為了一項成就而慶祝，或放下一切、體驗活在當下。

換個方式來說，當你知道自己的回應愈來愈適切時，那就代表你正在「身體力行」。此時，你不只做到了靜觀的投入練習，還把靜觀統整到生活中，在工作和人際關係裡培養出覺知、活力、好奇心、當下意識和完整性。從這個角度來看，身體力行是一個遠景、態度和意向，也是你採取的特定行動。在靜觀裡，若將提升覺知的規律練習視為投入練習，整合練習就是設法隨時隨地或儘量心存正念。

不過，問題的核心是：為什麼我們無法隨時做出適切回應？是什麼在阻止我們心存正念？以下是四大常見的阻礙：

我們沒有覺察到他人的狀況、事情的全貌。

我們動不動就批評人、批評自己。

我們出於恐懼，沒有多加思考就做出慣性反應。

我們害怕改變。

接下來，本章節將探討如何運用以下四種整合練習來克服阻礙。這些是「身體力行」的實踐範例，本書後面還會再提到：

用開放的心去傾聽

將自我同情擺在優先順位

培養情緒覺知

追求現況與理想的一致

○培養覺知，用開放的心去傾聽

傾聽做得好不好，決定了你在所有情況下的表現與回應。對於領導者來說，傾聽力特別重要，因為建立共識、共同目標是關鍵，你需透過覺察每個人的需求、渴望和強項，以培養互信。領導者的工作是放眼大局、顧及全體利益，但這並非一項獨立作業，畢竟個人的視野有限。真正的傾聽代表放下對錯的立場。想要做到，就須展現自信與謙虛兩種矛盾特質。

麻省理工學院資深講師奧圖・夏默（Otto Scharmer）著有《U型理論精要（Leading from the Emerging Future）》，他把傾聽分成四種。

1. **分心傾聽**：這是很常見的傾聽方式。我們並非真正在傾聽，而是掛念著要如何回應，或在思考對方的話如何影響自己。
2. **傾聽內容**：傾聽對方所說的內容。
3. **同感傾聽**：傾聽對方的情緒。不只傾聽內容，同時也注意到對方要表達的情緒。
4. **深層傾聽**：帶著好奇心、開放的態度來傾聽。深層傾聽並試圖在字裡行間裡，察覺對方想表達的意思或想說的話。這種傾聽有時是一種感覺、意象或直覺，可以幫助對方看清楚事情的全貌，但目的絕非給予建議或解決問題。

傾聽是最常被低估的能力之一，不但沒有受到領導者的重視，也往往被我們忽略。傾聽是所有人際關係的基礎，卻很少受到關注。在我所帶領的許多訓練課程裡，不論學員的所屬產業、職銜或企業文化，他們都對傾聽的強大力量表示訝異。另外一點讓他們吃驚不已的是，原來自己很少做到真正的傾聽。所謂**真正的傾聽是在傾**

聽時不打斷、不思考怎麼回應才「正確」，只專注於當下，沒有任何目的。我們常常不自覺地受困於自創的狹隘、自我中心的世界，但傾聽有助我們抽離並接納他人的經驗。這麼做可以改變自我經驗，強化與他人的連結，滿足同理猩猩對信任、開放的需求。

試看看：請嘗試練習這四種傾聽方式。

- 注意自己什麼時候沒有傾聽、什麼時候傾聽內容。
- 嘗試用同理心來傾聽。你怎麼知道對方的感受為何？不妨找好友或伴侶一起練習，當他們在說話時，問問他們有什麼感受。
- 練習深層傾聽。教練、顧問和醫療人員常常在做深層傾聽。善用你的直覺，傾聽對方字裡行間的訊息。當腦海浮現一個感覺、意象或頭緒時，試圖探索這些訊息如何反映出說話者的狀態。

○不要批判，將自我同情擺在優先順位

我曾經帶過一個為期兩天的正念、情緒智商訓練課程，參與學員共有八十位，

他們是來自世界各地的企業界領導者和主管。課程結束後，一位新創公司的執行長來找我，跟我說這門課對他來說意義非凡，也很實用。然後他補充說，「正念練習讓我比較不會自我批判。只要大部分學員學到這一件事，那這堂課就是一大成功。」

很多人認為，要成功、保持動力就必須自我批判、嚴以律己，尤其是領導者。面對問題或失敗時，我們往往覺得最好的回應就是將矛頭指向自己。不過，我發現反其道而行更有效。現在終於輪到同理猩猩登場了。如果緊張猩猩的作用是察覺威脅、想像猩猩是評估威脅，那同理猩猩就是做出同理他人、同理自己的最佳回應。

為什麼同理、接受和不批判很難做到？我覺得原因很多，有些複雜難以說明，有些純粹只是壞習慣而已。世界頂尖研究員克莉絲汀・涅夫（Kristin Neff）專門研究自我同理，以下是她發現實踐自我同理時常見的挑戰或恐懼：

- **畏懼被動**：很多人誤以為接受自己、善待自己等同於逃避，只會讓自己更被動、沒有野心或缺乏動力改變。我曾經聽過有人說，如果不對自己採取強硬、批判的態度，做事效率就會變差。我有時會建議來上課的主管，不妨善待自己一週，看看是否真的效率低落。結果，幾乎所有人都反映效率反而提高，且壓力減輕。

- **漠視道德：**我們害怕自己愈來愈漠視道德規範、是非對錯，以及它們的後果。
- **沒有改變的動力：**因為接受自己，所以我們假設自己會因此缺乏改變的動力，無法做出重大改變。
- **減少努力：**接受自己代表怠懈、不努力達成目標，這也是一個錯誤的想法。

儘管存在以上種種疑慮，有研究卻顯示，接受自己才是具建設性的做法。朱利安娜·布瑞內斯（Juliana Breines）和塞雷娜·陳（Serena Chen）做了一系列研究，以了解受試者對挫敗、錯誤和自己的弱點有什麼反應。她們將受試者共分為三組：(1)沒有介入的控制組、(2)被要求在日記裡寫下自己正面特質的「自信」組、(3)被要求從理解、接受和同理的角度出發，在日記裡寫下自己弱點的「同理」組。

接下來，她們用以下四種指標衡量結果：(1)成長的心態（相信改變的可能）、(2)違反道德規範後，設法補救的動力、(3)改善自己弱點的動力，以及(4)改善的努力。在此研究裡，專指考試結果差強人意的學生，往後是否會花更多時間在學習上。

相較於控制組和自信組，同理組在這四種指標皆獲得較高分數。也就是說，同理組比較有成長心態、比較想彌補違反道德規範的錯誤、比較有改善的動力，也花比較多時間在改善上。這項研究告訴我們，面對挑戰時，自我同理比什麼都不做來得有效（當然），而且遇到困難時，自我同理會直接跳過不處理，只強調正面自我的形象，所以比「提升自信」（另一個常見策略）更有成效。

兩位作者對此研究下的結論是：「自我同理可增進自我改善的動力，因其鼓勵當我們面對錯誤和弱點時，不自我貶抑，也不做防衛型的自我膨脹。」

面對困境阻礙時，「不自我貶抑、也不做防衛型的自我膨脹」有助於建立持續的自信。誠如研究顯示，同理組對自己成長的能力比較有自信、比較願意花時間跟尊敬的人在一起。

試看看：花六分鐘的時間，寫一封信給自己，假設自己是一個認識你、了解你、想要你更好的人。對於你現在面對的挑戰和機會，他或她會給予什麼樣的建議？

○避免慣性反應，培養情緒覺知

誠如我在第一項正念修練裡所述，人類進化並非是為了做出有智慧、合理的回應。人類進化是為了避開威脅、存活下來，並將基因傳遞下去。為此，緊張猩猩不時掃描內外的可能威脅，且針對威脅發展出三種回應：戰鬥、落跑或定格。在緊急狀況下，或者生命受到威脅時，這些都稱得上是有效、適切的回應。

舉例來說，有一次，我在馬林海岬[2]（Marin Headlands）爬山。走路時，我以為右腳踩到了一條蛇。瞬間，我的肚子、胸部頓時感到不適，身體也警覺性地彈開，但就在我看到地上躺著的是一支木棍、而非一條蛇的瞬間，警鈴馬上停止作響，我不再想逃跑，身體很快又恢復到原來的平靜狀態。還有一次，我在同一個地方爬山，看到前方的登山步道上有一隻正在採取臥姿的山獅，彷彿在狩獵一般。我再次感受到威脅，身體也立刻做出回應。我特別在意山獅的姿勢，以為我成了牠的囊中獵物，所以只好擺出一副勇者無懼的姿態，並慢慢退後，走另外一條路回頭開車。

在這兩種狀況下，我做出了適切的回應。雖然第一次有點大驚小怪，但身體的確對它以為的威脅——蛇做出了正確的反應。要是我停下來思考，「這真的是一條蛇嗎？」後果有可能不堪設想。緊張猩猩之所以能存活下來，就是因為對所有潛在

2. 馬林海岬是位於加州馬林郡最南端的半島，地形以山丘為主。

威脅過度反應。就算最後是烏龍一場也不要緊，至少命有保住了。

面對威脅時，我們的身體很厲害，會自動關閉副交感神經系統，切換成生存模式。大腦裡的杏仁核、也就是警鈴，接著啟動。受到威脅時，人體預設的最佳反應是戰鬥、落跑或定格，因為這樣做存活率最高。儘管如此，大部分的人身威脅，還有看似威脅的威脅，都不會真的危及性命。如果我們每次都要小題大作的話，就無法做出技巧性的適切回應。舉例來說，當你收到老闆發出一封很難回的電子郵件、在高速公路上被超車、或失去重要的客戶的當下，戰鬥、落跑或定格的策略一點也於事無補。

本書的七項正念修練或多或少有助於培養情緒覺知，因為情緒覺知是正念的基礎。不過，當情緒被觸發，沒有多加思考、出於恐懼就做出直覺性反應時，就很難以正念處事。情緒扳機有時顯而易見、有時不易察覺，觸發情緒的可能是真正的威脅，也可能只是假象。如果我們從某人的聲音、電子郵件裡接收到憤怒的情緒時，直覺就會想避免跟這個人接觸、反擊或冷處理。在這個節骨眼上，眼前的威脅是真的（狩獵中的山獅）或假的（木棍）已不再是重點。或許，我們無法控制自己的最初情緒反應，但正念有助我們在下一刻做出適切、有覺知的回應。若沒有正念拉我們一把，我們可能會把事情搞砸，而且搞砸的機率很大。

舉例來說，如果有一位駕駛人超我們的車，讓我們感受到「道路憤怒[3]」，我們該追上去、大吼大叫，以其人之道還治其人之身嗎？把木棍誤作一條蛇時，可以因為怕被咬傷，就逞強把木棍砸得面目全非嗎？

情緒覺知有助我們在反應前冷靜下來，評估整體狀況和情緒，再做出最有效的回應。

試看看：當你的情緒被觸發時，先冷靜下來。只要觀察、保持好奇心就好。譴責、揣測他人的動機之前，請務必謹慎行事。接下來的正念修練告訴我們，不要自以為什麼都懂，要與自己的情緒、他人情緒做連結。

當你不再激動時，請問自己：這種情緒是否似曾相識？是否有什麼模式可以遵循？面對改變、困境、成功和挫敗，你有什麼反應？在有自信時、沒自信時，你的反應又是如何？生氣時、經歷重大失去時，你如何反應？你是否偏好衝突，還是傾向避免或忽視衝突？

---

3. 道路憤怒（road rage）指駕駛人帶著憤怒的情緒開車，導致超車、蛇行等挑釁行為。

然後再問自己：從現在開始，對於所有當事者來說，什麼回應會帶來最好的結果？

○勿恐懼改變，追求現況與理想的一致

我剛開始在企業界開授正念、情緒智商課程時，一直以為只要員工提升自我意識、情緒意識，他們就會更開心、更享受工作，待在公司的時間也會比較長久。對於大部分的員工來說，大部分的時候是這樣沒錯，正念可以提升工作產能、增進領導技巧、促進身心健康，以及提高對工作的滿足感。

不過，對於有些人來說，正念讓他們覺察到，自己深信的價值與工作之間存在莫大的落差。不是自己不適應公司文化，就是他們不適合做這份工作。接受了正念訓練後，我發現有些學員會主動申請內調，甚至有人會為了追求更有意義、更能與信念和需求一致的工作而離職。

正念並非讓人感到不滿足的原因。事實恰好相反，正念是幫助我們看清楚「真相」和「創意落差」的功臣。有時候，我們選擇忽略或拒絕真相是因為害怕改變，

尤其是當改變帶來未知時。所以，我們猶疑不定、以拖待變、合理化躊躇不前的理由，也會說服自己沒有不滿。不過，一旦覺知到自己真正的情緒後，最好的回應是謀求現實與理想的一致，也就是做出改變。這也是檢視回應是否適切的方法之一：你的回應與最重要的事情理當一致不亂。

回顧我生命中的重大轉折時，我發現轉折皆源自於覺知的改變與成長，也就是當我意識到，重要的事情與正在做的事不一致時。我在羅格斯大學念書時，因為對靜觀、正念愈來愈有興趣，所以決定離開校園，追逐夢想。我在舊金山禪修中心待了十年之後，發現把正念帶入禪修中心以外的一般工作場域是我最重要的使命。所以為求一致性，我離開了禪修中心、就讀商學院研究所，然後開始在企業界工作。

人生不斷在改變，我們也是，所以一致、不一致的狀況常常出現。如果你仔細觀察會發現，我們幾乎無時無刻都在變化。每個人、每件事情都是變動的、移動的、進化的。我們要常常問自己：對我來說最重要的是什麼，那跟我現在做的事情一致嗎？

試試看：為了深入了解一致性，請花七分鐘的時間，寫下你對以下題目的看法：我的工作和人生如何跟我認為重要的事情一致化？有哪些地方不一致？要怎麼做才能達到一致化？

○苦樂交融的人生

在苦樂交融——工作、婚姻、小孩、父母等一切的人生裡，要每分每刻正念行事、做出適切回應，確實不容易。身為正念領導者，你可能需要做出困難的決定，或傾聽他人的聲音、順從他們的要求，你也可能需要提供團隊指引或支持。

以下是真實版的苦難人生，也是我的人生歷程，儘管當時面臨許多困難，我還是堅決陪在我母親身旁，以正念的態度面對逆境。

我母親住在佛羅里達州的博卡拉頓[4]（Boca Raton）時被診斷出腦癌。確診後，接連發生許多事情。當時我跟妻子、兩個年幼的小孩住在舊金山北部，身為松枝之舞的執行長，我大部分的精力都花在經營這一個規模小、但成長快速的公司。得知我的母親身體出狀況後，為了照顧她，我和妻子邀請她搬來跟我們一起住。這意味

4. 博卡拉頓（Boca Raton）位於佛羅里達州棕櫚灘郡。

著她必須把佛羅里達州的房子賣掉，而且很可能會在加州度過人生最後的時光。其實，我母親非常喜歡她住了十七年之久的家和街坊鄰居。

儘管如此，她仍同意搬來跟我們一起住。她在短短幾週內，把車子、家具和幾乎所有的財產變賣或送出，好搬進我家。當時，我們都不知道這樣的生活型態會維持多久。醫生說，她可能活不過幾個月，也可能多活幾年。我們都很清楚，這將是一大挑戰，每個人都會感到壓力、必須自我調整。不過，最重要的是我母親可以跟我們一起度過餘生，這點毫無疑問。

接下來的幾個月裡，我們共築了很多親密的美好回憶。我的小孩當時分別是七歲和十二歲，他們很喜歡跟奶奶在一起，也儘量幫忙照顧她。儘管如此，狀況還是發生了。我記得有一天我的工作行程滿檔，但還是趁午休衝回家，打算帶她去看醫生。她事前答應我，我回家前要穿好衣服、準備好出門。不過，我到家時卻發現她才剛換下睡衣。當下的我情緒被觸發了，很不耐煩地流露出失望、惱怒和憤怒的多重情緒。不過，停下來仔細一看，我發現她穿衣服很吃力，顯然地，她壓抑著身體的痛苦，努力要把衣服穿上。我最初的回應方式有違本意，一點同理心也沒有，我明明回家是為了照顧她，但表面上的反應跟內心意向之間卻存在著莫大的落差。我停下來，羞愧地自問：**雷瑟，你到底在幹什麼？**平復好情緒後，我放下公司還有更重要的工作要忙的託詞，把專注力帶回當下，並幫助母親更衣。我從惱怒、失望和孤立，變得溫柔、充滿愛和同理心。接著，我打電話回公司，交代其他人幫我處理公事。

幾週後再去醫院回診時，醫生說我母親的肺部嚴重發炎。診察後，醫生把我拉到一旁表示她可能活不過幾天了。他解釋，住院並進行侵入性的急救醫療是選項之一，但這些方法最多只能延命幾天或幾週。聽到這裡，我反問，「如果她是你媽媽，你會怎麼做？」醫生回答，「我會選擇帶她回家，讓她舒服一點。」

儘管如此，這不是我能做的決定。醫生和我把病情告訴母親，坦承她可能不久於人世的事實。我把實情全部跟她說了，包括治療選項，還有醫生私下給我的建議。她的回答充滿哀傷、愛意、滿足和順從，「我們回家吧。」她說，「我已經活得夠久、夠好了，我準備好了。」我對母親的回應感到十分訝異，她是如此地勇敢且優雅，完全接受自己的病況。講完，我們相擁而泣，然後開車回家。

我和妻子都認為，理當把主臥房讓給母親，因為那個房間最安靜、最受到保護。

我記得，就這件事情我們沒有太多的異議。不過，母親卻一口拒絕了這個提案，她直接走向整間房子最中心、最熱鬧的地方——客廳，然後躺在沙發上。這才是她想在的地方，她不想要孤孤單單地，想跟所有人在一起，並參與我們的日常生活。對於她的請求，我感到十分訝異，但毫不猶疑地表達支持。她已經決定好人生最後幾天要在哪裡度過，我尊重她。

隔天，她躺在沙發上，身體虛弱不堪。我知道水果思慕昔是她最喜歡的食物之一，所以幫她打了一杯。我把打好的思慕昔裝進一個大玻璃杯，為了方便飲用，還插上吸管。她說，「你在做什麼？我很努力要死掉，你卻幫我打了水果思慕昔？」我回說，「媽，妳死了也沒關係，我只是想要妳死得健康一點。」說完後，我們倆笑了又哭，哭了又笑。

幾天後，她變得愈來愈虛弱、安靜而平和。有一天晚上，她躺在客廳沙發上，我和妻子都坐在她身旁。我們發現她的呼吸愈來愈慢、愈來愈完整，於是開始跟著她的頻率一起呼吸。那一刻終於到來：她慢慢地呼出一道長氣，接著就沒有吸氣了。我們倆一動也不動地坐著，悲傷不已卻努力要放下。

身體力行　重點練習

- 開始或持續投入練習：擬定規律靜坐、正念行走和寫日記計畫，可任意搭配這些練習。
- 開始或持續整合練習：問自己，「適切的回應是什麼？」
- 傾聽他人說話的內容與情感，並且練習深層傾聽。
- 練習自我同理，以慈悲處事待人。
- 當你的情緒被觸發或出現慣性反應時，停下來、找出適切回應，並且培養情緒覺知。
- 如果你害怕改變的話，請辨識真相或創意落差，追求一致性。

第三項正念修練：別自以為專家

科學革命不是一場知識革命。科學革命根本就是一場無知革命。人類找不到重要問題的答案，這是促進科學革命的大發現。

尤瓦爾．諾亞．哈拉瑞（Yuval Noah Harari）《人類大歷史》

正念源自巴利語[1]裡的 sati，字面上的意思是「記住」，記住你在這裡、醒著、活著，而且自由自在。記住你從哪裡來、要到哪裡去，還有現在的位置。記住身為人類的痛苦和可能性。記住要從自動導航模式，切換到覺知模式。記住要把專注力放在活著的每分每秒，注意到生命無可衡量的偉大。記住用初心和不久於世的心態——這也是千真萬確的事實——觀看、傾聽、感覺、品嚐和觸碰。記住欣賞你的身體、心理和靈魂。記住讓你裹足不前的狀況，並想像如果你大步向前邁進，人生會有何不同？記住人生美妙、神祕又矛盾的本質，只要有生就有死。

是什麼妨礙了我們的記憶？恐懼、習慣、分心、慾望、反感、慌張等都是所謂的障礙。對所有人來說，這些都是很難克服的挑戰，包括領導者在內。不過，在正念領導力的範疇裡，阻礙記憶的一大屏障是認為自己是對的、以為凡事都有正確的答案，而且我們手中握有答案。

我到企業界跟谷歌、迪士尼或SAP的醫療人員、社會企業家、工程師和主管講授正念靜觀課程時，總讓我感到訝異的是，學員們很快就展露強烈的競爭慾望，每個人都想成為最會靜觀的人。第一次練習靜觀時，很多人都極度想表現，因為過於努力，所以肩膀、下巴和臉部肌肉僵硬無比。靜觀結束後，由學員進行提問，兩個疑問很快地浮出檯面：一、我有沒有做錯？二、其他人做得比我好嗎？

當我解釋，正念靜觀的重點之一是放下是非評斷時，有些人流露出懷疑的表情，

1. 巴利語是古印度語言，屬於印歐語系，與梵語十分相近。

也有人感覺鬆了一口氣似的。靜觀方法沒有絕對的對與錯。我通常給學員的建議是，最好放棄成為最佳靜觀者的目標，因為練習正念與靜觀時，別自以為專家，是一項重要的準則。

就正念這件事情而言，想當專家不只錯誤、不恰當，還可能適得其反。事實上，正念靜觀的一項好處是幫助我們直接體會到，自己對於世界的刻畫、描述和想法是不完整的、偏頗的，甚至是被誤導的。訓練正念靜觀意味著放下對成功的追求、對失敗的恐懼。了解到這點有助於我們以開放、好奇且柔軟的心態去面對自己與他人的想法、感受和思維，也可以改善傾聽自己與他人的能力，促進更好的理解和交流。

每當我跟企業人士、領導者分享第三項正念修練「別自以為專家」時，他們常面帶疑惑、搖著頭說，「為什麼？要是我在公司裡不擺出專家之姿、不學以致用的話，我不但會被嘲笑，還可能被欺負呢。」

他們說得或許沒錯，在企業界，專家受到高度重視且報酬較高。我們的生活中少不了專家，事實上，我們窮盡一生的努力，為的就是成為專家、扮演好家長、配偶、老師、領導者、員工、學生等所有的角色。專家薪水高、分紅多，成績單都是優等，升遷快而且失敗永遠不會找上門。表面上看似如此沒錯。

專業可以是成功的助力，但有時也會成為礙事的包袱，因為專業遮蔽了我們的視野，無助於理清真相和最重要的事情。這聽起來有點矛盾，不過，若我們能像初學者一樣學習靜觀、放下成為專家的執念，不講究安全感、正確性和重要性是否被滿足的話，反而能讓自己更有自信、柔軟度和效率。初心不只有益於正念，對領導力、健康的人際關係，以及享受和欣賞人生都有幫助。與其發憤圖強成為專家，然後再費時費力地證明自己的專業，比較有效的策略是抱持好奇、開放態度，並承認自己的無知。

鈴木俊隆有一句話完整地道出第三項正念修練的真諦：「正念裡，最重要的是正確或完美的努力。正念的努力應從有為改成無為。」

「正確或完美的努力」的概念看似相互牴觸，其實就是不做額外、不必要的努力。而「無為」這兩個字更難理解和體現，尤其是在工作和領導上。放棄多餘、不必要的努力，才是達到成功領導、活在當下和心滿意足的關鍵。

從定義上來看，正念是我們最真實、直接和未經過濾的經驗，也是感官、想法和直覺的最完整呈現。正念有助我們認知到人生的美麗和奧妙，還有內心的批判、羞愧、恐懼和幻想。正念也包括培育新奇、溫馨和同理的態度。因此，從定義上來看，正念並不是要你成為專家。或許，這就是為什麼鈴木俊隆會說，正念等於重拾「初心」。

○緊張猩猩喜歡當專家

對於緊張猩猩來說，當專家比較安全、比較輕鬆，因為牠的預設模式是掃描內外的威脅。緊張猩猩善於質疑、批評，因此常常自問：**我做得怎麼樣？對不對？好不好？現在到底是安全、還是危險？**

當自己知道得比他人少、缺乏訊息或看起來猶疑不定時，就等同脆弱。因為可能有更聰明、更有能力的人會來搶奪我們的所需，而且當威脅出現時，我們可能會來不及防備。身為緊張猩猩，我們努力提升自己的學習能力，凡事總要確認再三後才放心。一旦我們「知道」後，才能卸下心防，似乎世界因此變得比較能預測。其實，我們不需要這麼拚命，因為要辨識威脅、契機沒有那麼困難。

緊張猩猩最不想要的就是退回到「初學者」的階段。畢竟牠努力了好久才成為「專家」，而且專家的地位能確保持續的成功。然而，這不只關乎地位，還反映了我們拒絕放下的心態、對存活的看法，以及慣性思維模式。這是人類共同的課題，無關乎你是否以專家之姿自居。

第三項正念修練不是要你拋棄既有經驗、習得能力，對我來說，第三項正念修練是提升生產效率的好方法，幾乎適用於任何情況。所謂的第三項正念修練即是抱持開放態度、拋棄既有成見，就像學生或初學者一樣。專家的心態是「我都知道」，而初學者的心態是「我很好奇並想學習」。

對緊張猩猩來說，要採納這種態度簡直難如登天，這也說明了我們為何難放下專家的高姿態。儘管如此，但第三項正念修練相當實用，也看得到成效。我們與自己的關係是所有人際關係的基石，而練習**初學者心態**有助於奠定學習基礎、個人成長的根基，因為初學者心態培養了對自己的好奇心、開放性。

正念教我們如何用好奇心、開放態度做回應，如何不加批判地觀察。練習正念時，我們並非在認同某種想法，也不是在否認或懷疑。我們心懷好奇，但對新的發現，採取不認同也不否定的態度。然而，認同與自己的想法一致的新發現、否定與自己的想法有出入的新發現，這兩者皆是緊張猩猩的慣性反應，就像自動導航模式一樣。這就是擁有能力、專業之後，所衍生出的狀況。

本書七項正念修練著重於注意到自己的慣性心態、自動導航模式和沉睡心靈，並做出改變。以上心態都會限縮覺知力、注意力。初學者心態很原始，不需添加什麼，反而是要拋棄假設和舊習。其實，每一件事都是新鮮的，每一個當下都是活生生的。我們並非世界的創始者，所以只能覺察。初學者心態很單純，就是指體驗事物本來樣貌的能力。

○擁抱失敗

大部分的領導模式強調知識、根據所知來做決定，並且試圖說服他人自己知道怎麼做才對。不過，正念完全不是這麼一回事。為此，我們感到非常無助，畢竟我們在演化過程中學到，不這麼做的領導者肯定會失敗。

第三項正念修練的第一步是減少慣性反應。我們的目標是擺脫慣性反應、自我保護的心態，將重心放在做出更好的回應。一個有效方法是擁抱挫敗，反覆練習失敗、從失敗中站起來、從錯誤中學習的模式。我曾在舊金山梅森堡（Fort Mason）的灣區戲劇運動（Bay Area Theatre Sports, BATS）參加即興演出初階課程，擁抱挫敗就是第一堂課的內容。上課時，講師佐伊・蓋爾貝茲（Zoe Galvez）叫全班共十六名學員舉起雙手、面帶微笑，並大聲宣告「我失敗了！」說完後再重複一次，「我失敗了！」最後一次，她要我們打從心裡承認，「我失敗了！」

宣告失敗的練習不但好玩，還伴隨著一種莫名的解放感。放下對失敗的恐懼，甚至慶祝失敗，是投入即興劇場重要的基本要求。即興劇場風險高，每一位演員都在不斷失敗，但他們不能因失敗就暫停演出。即興演出課程提供一個安心的環境，讓一般大眾可以冒險實驗、不用擔心輸贏、看起來好壞，或者自己做得對不對。

我之所以報名灣區戲劇運動的即興演出課程，是為了讓自己在演講時不要驚慌失措。以前，我甚至會緊張到做惡夢，夢到演講時忘了帶稿而腦筋一片空白。這堂課真的幫了我很大的忙。這種態度，也就是初學者的心態，讓我在焦慮不安時，能放鬆身心、保持自信。那次上課之後，我不斷精進成長。過去幾年來，我幫各式各樣的團體帶過課程，累積了不少公眾演說的經驗，也相當有自信，但我還是要時時提醒自己，一定要抑制緊張猩猩的衝動，不要把自己視為一個失敗者或「專家」。

我有時也會把「我失敗了」的練習帶入正念領導者的工作坊、搜尋內在自我課程，以顛覆學員對成敗的刻板觀念。在一次的工作坊裡，一位四十五歲的奧地利心理學家在練習後開始哭泣。他說，他從未做過這樣子的練習。打從出生以來，他所受的教育就是非成功不可。過去，他的成績永遠維持優等，一路就讀第一志願，最後還如願成為一名成就非凡的醫生。雖然這項練習很短暫，他卻感動不已，感覺自己被解放了。

這項練習很簡單，一個人就能做，重點是不斷調整你的心態，以接受失敗的事實。我們每天有很多大大小小的練習機會，像是遲到（我失敗了！）、忘了某人的姓名（我失敗了！）、翻倒東西（我失敗了！）或做錯了（我失敗了！）的時候。練習時，首先注意到你失敗時的慣性反應，或許你跟我一樣，會感到緊縮、被束縛，還有厭煩、不耐或憤怒。與其陷在裡面，不妨嘗試改變你的反應，承認結果沒有達到預期，然後跟自己說，「這樣不也很有趣嗎。」接下來，做一回「我失敗了！」的練習，跟你自己說或對他人大聲宣告，「我失敗了！」記得要邊說邊微笑。還有一點很重要，如果你感到緊縮，只要注意就好，不要對你的反應感到挫折。

○用新的視野看世界：每次都是第一次——

每天，我都會看見或聽到某些事情，它們多少讓我能在喜悅裡死去。

瑪莉．奧立佛（Mary Oliver）

你還記得你第一次騎腳踏車、開車、使用新軟體或接吻嗎？還記得那種既彆扭又新鮮的感覺，那種充滿刺激、學習和富饒的初體驗嗎？

現在，你注意到你在呼吸了沒？你一定在呼吸，因為打從出生你就一直在呼吸。不過，你是否想過，每一次的呼吸都是嶄新的、前所未有，未來也不會再出現？我們很容易忘記這個事實，然後把呼吸視為理所當然，畢竟我們手上有太多重要的事情要處理。不過，現在先暫停片刻，對這一次的呼吸心懷好奇，下一次呼吸也是。

把這樣的感覺套用在所有的事情上，不論是騎腳踏車、開車、使用新軟體或接吻。每件事情都有第一次，但每一次的經驗都獨一無二，不管做多少次，每一次經驗都絕無僅有。

此練習有別於我們的既有做法。一般來說，同一件事情重複幾次、幾十次、幾千次之後，我們就會出現熟悉感。熟悉之後，我們就不那麼在意，對於有些事情甚至完全不關注了，像是呼吸或走路。對嬰兒來說，走路是一件大事。看著嬰兒學會走路的過程很振奮人心，他們站起來、踏出第一步、扶著東西找平衡、不斷嘗試、跌倒、跌倒、再跌倒，最後終於會了。不過，一旦成為走路專家後，只要走路不痛也沒有障礙，你大概不會特別把注意力放在走路上。

最近幾年，我做了兩次髖關節置換手術。（是的，我是一個仿生機器人。）對我來說，無痛走路再也不是理所當然，至少大部分的時候是如此。有時我會忘記走路很痛苦，但那是因為我專心在跟別人交談，或同時在做別的事。有時我會停下來提醒自己：**走路曾經很痛苦，痛到我無法走遠**。每次在覺知的當下，我都心懷感恩，很慶幸自己擁有兩個鈦金屬髖關節。我非常感謝研發這些醫療器材的研究人員、科學家，以及醫療的進步與突破，也向主刀醫師、還有術後細心照料我的妻子和家人致上謝意。

當然，完全康復後，我就把這件事情完全拋到腦後了。忘記、失去興趣是人類的習性，尤其是針對容易到手、重複發生的事情。當我們愈來愈熟練、操作次數愈來愈多後，就習慣把事情視為理所當然。不過，這也有好處。好處是我們不用想太多，就能呼吸、走路、思考、說話或看東西。過於熟練後，很多事情就變得機械化了。

令人遺憾的是，把自己當專家、視一切為理所當然的思維也會反映在我們如何看待自己、人際關係和世界。不論什麼領域，我們做的事情似乎都脫離不了機械化，但「別自以為專家」意味著減少用習慣、期待處理事情，因為這樣有礙我們欣賞感官的豐富多彩，會阻擋我們接收當下的繽紛絢麗。

試看看：舉起右手，手心朝內面對自己。花一些時間觀察、檢視和注意眼前所見。你是否能不叫出名稱、不說出任何一個字，也不做批判。接下來，把你的心態從有為——想把這個練習做好——調整到無為。你看到、感受到什麼？這隻手是你，還是你的一部分而已？意識到你不是這隻手的創造者，這隻手的構造之複雜，遠遠超過人類能力所及。動動你的手指，意識到這些小肌肉動作是由二十萬個神經細胞所帶動。注意到手的每一部位的形狀，但不要叫出它們的名稱。關注到皮膚的線條。與此同時，注意到你正在呼吸。注意到你的大腦是否、何時出現主見，也就是批判（**我從不知道我的手指這麼粗！**）或自我意識（**為什麼我在做這個奇怪的練習？**）。接著，將注意力帶回到你的手，繼續練習，練習時間比你原先預計再拉長一點。你還注意到什麼？你的思緒、呼吸和手如何？你是否曾經像這樣花時間熟悉過自己的身體？

接下來的一天裡、一週內或隨時想到都可以，請練習用新的視野來看待所有事物，包括你自己、與你同住一個屋簷下的人、與你一起共事的人，還有全世界在內。退一步並移除、放下或減少你的已知，用好奇心來觀察、傾聽。

正念行走是另外一個很棒的練習（請參考第 92-93 頁）。行走時，像小孩一樣盡情探索，彷彿你是第一次走路般，欣賞走路的美妙。隨時隨地將正念帶入行走，看看有什麼改變。

人在心不在？減少分心走神

根據有些心理學研究，我們的行為只有10％是在有意識下發生的，其餘90％則是在無意識下發生的。也就是說，我們的想法、情緒、批評和行為皆是機械化、無意識的行為。據了解，此機械化過程跟神經有關，因為大腦最老、最原始的部分，也就是所謂的基底核，會將重複的有意識行為轉變成慣性模式。

不過，機械化不代表我們從此就不需要深思熟慮了。其他研究顯示，大部分的人有47％的時間是處於分心狀態的，也就是無法專注做一件事情。而且，人只要一分心，就容易焦慮、變得不開心。以下是馬薩諸塞大學醫學院研究主任賈斯汀・布魯爾（Justin Brewer）發表的研究摘要。

> 人類大腦的預設模式是分心，不專注於一件事情。分心跟大腦裡的悲傷呈現正相關，不過，正念靜觀時，大腦的分心狀態就會被解除。根據大腦區塊的測試結果，經驗豐富的靜觀者表現得比較有覺知力、認知控制能力。

套用本書的比喻，我們可以下這樣的結論：緊張猩猩一定是不開心的。想像猩猩或同理猩猩也一樣不高興，因為我們的大腦持續遊走於習慣軌跡，專注於不確定性、焦慮和「如果」。我們的大腦不斷遊走於過去和未來，溫習舊傷口和衝突，還有準備迎接已知威脅。若要說到專注當下，那肯定只有防衛的時候。

不過，正念靜觀可以改變這一切。藉由練習專注、開放的覺知力，我們得以放下慣性思考，不再從事負面的分心。其實，你也可以將開放的覺知視為一種正面的分心。正念行走培養的即是正面分心的能力。大家想必都有過以下的經驗，當我們身處大自然或在浴室淋浴時，雖然沒有努力思考什麼問題，有時卻會靈光乍現。這種正面的分心不會伴隨焦慮不安、猶疑不定，你不用擔心是否還有事情沒做完，或時間地點無法配合。在這些時候，我們才能用全新視野看世界。

試看看：每個人多少都會分心。請抱持探索、好奇的心態去觀察你的分心。當你注意到自己正在分心時，注意就好，不要加以批評，也不要努力成為專家。就算每天花幾分鐘也好，問問自己：**對於自己正在做的事情，我是否夠專注且有覺知？我是否有意識地打開了自己的覺知，還是只是分心於過去、擔心未來？**只要注意就好。

先體驗，再講故事

諾貝爾經濟學得主、心理學教授丹尼爾・卡內曼（Daniel Kahneman）將人分成兩種自我：經驗自我（experiencing self）和記憶自我（remembering self），又稱論述自我（narrative self）。經驗自我活在當下的感官世界，論述自我則喜歡透過編故事的方法，來爬梳過去的經驗。成為專家的心路歷程是故事的好題材，但若我們把專注力用於展示、證明自己的專業，就無法全神貫注地活在當下。

卡內曼做了許多有趣的實驗，以釐清以上兩種自我的差異、凸顯兩者的對立。他發現，兩者對時間認知的差異甚大，且記憶自我尤其受到事件的頂峰、結果所影響。舉例來說，我們對某次度假的記憶可能被一、兩個極度正面、極度負面的頂峰、或者結尾所強烈左右。他在《快思慢想（Thinking Fast and Slow）》裡提到：

> 有兩種自我，一種是活在當下的經驗自我，另一種是不斷幫自己打分數、做抉擇的記憶自我……然而，我們應該銘記在心的是，記憶自我不見得永遠是對的……記憶自我容易忽略時間的長短、過度強調頂峰和結果，以及落入事後孔明的盲點，因此會扭曲我們的實際經驗。

記憶和說故事屬於想像猩猩的工作範疇，牠們將感官、經驗編織成一個論述來解釋自我，也就是我們的身分、價值和需求，並且將這些內容帶入人際關係、工作和日常生活的脈絡裡。

誠如卡內曼所說，問題在於，這些故事通常都是不準確的。首先，個人視野有限，所以我們無法看到事件的全貌。再者，我們對自己的經驗、記憶通常都存在偏差。為此，我們只好將某些重要經驗挑出來，編織成一個故事。換句話說，我們以為自己總該對自己、自己的過去、自己的身分瞭若指掌，但卡內曼卻清楚指出，我們也應該對此抱持懷疑態度。

試看看：你能否辨別經驗自我和論述自我。首先，將注意力放在純粹的體驗——你在當下看到、聽到、聞到、嚐到和碰到什麼？接下來，注意到你把哪些事情視為重要的，還有你如何編織一個故事來理解自己、他人和世界。以上練習是把純粹體驗和你編織出來的經驗故事做區分，你從中學到什麼？

○打開耳朵傾聽：不要成為人際關係專家——

對於正念領導者來說，保持初學者心態在人際關係上特別實用。以下是R.D. 萊恩（R.D. Laing）在《經驗政治學（The Politics of Experience）》這本書裡的開場白，我非常喜歡：

> 我無法體驗你的體驗
> 你無法體驗我的體驗
> 所以我們看不見彼此

看不見是一個很強烈的字眼。我相信，身為同理猩猩，我們皆有感受、分享和傳遞情感的能力。不過，我們不會讀心術。我從這段文字學到，我們不應該以為自己了解他人的經驗，畢竟個人的視野有限，也常常弄錯。因此，要增進我們對他人的理解，練習注意力、好奇心是很有效的方法。一般來說，我們愈了解他人，愈會容易陷入自己「了解」他們的假設裡。也就是說，我們容易把自己當成「人際關係專家」。

初學者心態是建立良好理解和信任的方法，尤其是當我們與他人意見分歧、發生衝突時。傾聽則是建立以上信任、連結的重要技能。

在第一項正念修練裡，我提到傾聽是領導者的三大「工作」之一（請參考第78頁）。在第二項正念修練裡，我提到四種不同程度的傾聽（請參考98頁）。你的傾聽做得好不好？這是你跟他人聊天時，隨時應該問自己的問題。你傾聽是為了發現、學習或拓展自己的視野嗎？還是只是為了自我利益、利用自己的需求和恐懼當濾網，或證實自己的故事，反映你成為專家的渴望？

與他人交談時，請練習採取初學者心態，對於內容不加以批評，也不抱持任何期待。這種傾聽很像深層傾聽，接受對方所說的一切，就算被嚇到也無妨。我們一生都在傾聽，但有幾次認真聽過他人的話、感受和想傳達的意思？我們有幾次是真的想了解自己看不見的事物？

我所謂的「濾網」常常遮蔽我們的耳朵、扭曲我們的聽聞、誤導我們對他人的理解。這些濾網跟三種猩猩的習性息息相關。濾網以許多方式呈現，可能是緊張猩猩的心理恐懼或自以為的威脅，也可能是想像猩猩對我們的專業、領導力、優先順序、目標和待辦事項所編織出的故事，或者是同理猩猩根據自我感受、情感和對他人看法所衍生出的假設或錯誤推理。

想練習不成為人際關係專家的話，就要注意自己的濾網。什麼態度、故事、恐懼和慾望會妨礙你傾聽、讓你看不見他人的經驗？無論當下發生什麼事情，請帶著好奇和關心的態度，練習專注於每分每刻的能力。感到疑惑不解時，不妨詢求他人的意見，因為濾網本來就很難察覺。直到有人點出我們的濾網為止，我們可能都會以自己的方式來看待別人與世界，並誤以為自己看得夠透徹。辨識出濾網後，我們有兩個選項：移除濾網再傾聽，或者創造另一個濾網，以責怪他人、周遭環境或世界為什麼沒有迎合我們的想法，把專家之言視若無睹。

注意到他人的感受是另一個覺察濾網、成為更好的傾聽者的方法。一般來說，我們傾向把注意力放在自己的感受上，並根據自己的感受而做出回應，但若我們先不批評，抱持開放心態去探索他人的情感，或許可以得到意外的收穫。在日常生活裡，練習對別人的幸福感到好奇，只要關注、傾聽就好。

試看看：選出三位你在工作上或私底下熟識、常碰面的朋友，然後幫他們打幸福分數。分數從一到十，一是「非常不幸福」，十是「非常幸福」。想想看，你是基於什麼來打分數的？是根據他們說出來的話、肢體語言，或你的假設或濾網？你能否能察覺自己的判斷。接下來幾天，注意到這三個人真的說了、做了什麼？你從這個練習學到了什麼？

○東京的成敗經驗

指導他人正念、靜觀對我來說不成問題，在人生許多領域我也算成功。不過，要把正念融會貫通到自己的人生就難得多。以下故事是關於我的初學者心態、別自以為專家試煉。

剛開始做企業主管教練、領導者諮詢工作時，我雖然經驗有限，但自信滿滿。有一天，我接到一通電話，對方問我是否有興趣舉辦一個為期三天的靜觀營，地點在東京，學員是來自世界各地的八名公司執行長及其伴侶。帶著既期待又怕受傷害的心情，我答應了。我有些緊張，因為從未接過這樣的案子，但也興奮難耐，因為這是我第一次訪日，還有第一次帶靜觀營。

靜觀營開始前幾週，我跟一位學員兼主辦人開了好幾次會。他表示，大家對「禪式」的靜觀營興趣濃厚，想多了解靜觀與正念。雖然他們不排斥討論，但期待這三天絕大部分的時間會在禁聲、靜觀中度過。

這八對、共十六位學員年紀落在五〇歲後半到六〇歲中間，他們分別來自美國、澳洲、南美和歐洲。男性皆為中型企業的執行長，其中很多人都即將退休。過去幾年來，這組人馬每年在不同的城市聚會一到兩次，他們喜歡先參加營隊，後續再安排幾天的觀光行程。

我自認第一天的課程上得不錯。我帶領大家早午各靜觀兩次，每次二〇分鐘，還安排了許多傾聽練習、日記寫作，請學員按照我給的題目自由發揮。這一天大部分的時候是禁聲的。當天課程結束後，我跟主辦人交換意見，他也同意一切進行順利。

到了第二天，短暫靜觀後，我請大家輪流用一個英文字來描述自己的心情。第一個人說，「無聊」。第二個人說，「困惑」。大家從逆時針方向，輪著發表意見：「好奇」、「疲憊」、「不開心」、「挫折」。負面字眼裡只穿插了幾個正面、中性的字。

我對此感到十分震驚。我以為課上得不錯，但顯然地，他們不這麼認為。我感到羞愧、丟人現眼，覺得自己失敗得一塌糊塗。我大老遠到東京舉辦生平第一次的靜觀營，最後卻搞得大家都不開心。我站在木製會議長桌的前面，眼前十六名學員盯著我看，好奇接下來會發生什麼事。在我內心深處，我很想消失、逃跑，甚至痛哭失聲。

我深呼吸幾口氣，注意到自己內在的複雜情緒，以及緊繃的下巴和胸部。我知道，這是展現自我的好時機，應當努力找回鎮定、好奇心和初心。我看著大家的眼睛，然後說，「很顯然地，這樣行不通。我向各位道歉。我很好奇也很想知道，大家覺得哪一個地方不好，最重要的是，你們每個人想要學到什麼？我們還有兩天的課，對你們每一個人來說，怎麼改善最好？大家輪流說說自己的意見好嗎？」

令我訝異的是，這八對學員對自己人生的轉折充滿了興趣。不論在工作上或私底下，他們都正在經歷重大的轉折。很多人的小孩都已經搬出去。面對退休和人生下一個階段，他們雖然深感恐懼，卻也很滿懷期待。因此，他們想要跟伴侶、團隊裡的人一起討論相關議題。

這個時候，我可以堅持不修改課綱，或者試圖維持專家的權威。不過，這樣下場肯定會很慘。我覺得自己有必要誠實地面對當下，抱持好奇且開放的心態去了解現況。我必須放下我的假設、需求、恐懼和規劃，靜下來傾聽學員的聲音。

之後，我將靜觀營的目標改成個人、夫妻如何迎接人生的下一個階段。我將學員分成三人一組，請他們各自分享恐懼與抱負。接著，我請每一對帶開到會議室裡不同的角落，要他們問彼此，「請告訴我，我要怎麼做才能更愛你？」練習時，有人情緒激動，也有人哭了出來。這證明，改變後的課綱內容比較符合大家的需求。三天的課程結束前，大家聚在一起，我請每個人再說一個字，他們回答，「驚訝」、「平靜」、「社群」和「希望」。

拉姆．達斯（Ram Dass）在一九七一年出版了《活在當下（Be Here Now）》，那一年我十九歲。這本書對我的影響深遠。他在書裡提到，跳脫傳統的框架看自己與世界，就可能活出有意義的人生。達斯提出了所謂的「最微妙的矛盾」——**只要放棄所有，就能擁有一切**。這是我第一次接觸到勿以專家自居、初學者心態的概念。當你以為自己對一切瞭若指掌時，其實還有更多可能性。

第三項正念修練就是真誠地傾聽，不要抓重點、不要做出任何慣性回應，只要從每個人、每個狀況中學習就好。

別自以為專家　重點練習

- 抱持「初學者心態」，看事情時不做出任何假設、期待或批評。
- 接受失敗。結果不如預期時，練習承認「我失敗了」。
- 練習用第一次的心態體驗萬事萬物，像看手或走路。
- 注意到你的分心。
- 覺知到經驗自我、記憶自我或說故事的自我。
- 注意到你的濾網。什麼樣的故事會阻礙傾聽？
- 不要自以為你了解他人的感受和想法，傾聽並學習「看不見」的事物。

第四項正念修練：與自己的痛苦連結

沒有痛苦，就沒有意識的覺醒。

卡爾・榮格（Carl Jung）

我在擔任「搜尋內在自我領導力機構」執行長時，曾受邀到威斯康辛州的麥迪遜（Madison）參加一場晚宴。隔天晚上達賴喇嘛正好要對在場的科學家、領導者和老師演講。我很幸運，坐在我旁邊的是哈佛商業學校教授、《領導的真誠修練（Discover Your True North）》作者比爾・喬治（Bill George）。晚餐時，他提到自己曾與許多財富世界五百強公司的執行長、高級主管密切合作，合作時他發現一件很令人驚訝的事情，那就是領導者需要處理自己內心深處的痛苦、脆弱、與卑微、甚至羞愧，才能從好變得更好。這些痛苦可能單純是身為人的痛苦、讓他人失望的痛苦，只不過領導者善於隱藏，跟大多數人一樣。這些痛苦也可能源自於不幸的童年、失敗的人際關係或創傷。感受痛苦讓領導者看見未來更多的可能性，一旦塵封的能量與情感被釋放後，就能成為更真誠、溫暖的領導者。

這就是正念的效果，以及其所帶來的可能性。正念意味著透過注意、凝視、端視和傾聽來了解一切，而非只接收你想要的，把不想要的往外推。要做到確實不容易，但直視和感受痛苦，並且接受、擁抱、和改變它更是一大挑戰。儘管如此，誠如比爾·喬治所說，這是從好到更好的途徑，因其展示我們的心可以有多廣闊，廣闊的程度遠大於想像。藉由感受痛苦，我們跟所有人類、生命產生連結，痛苦讓我們更強大，也有助改善我們的傾聽力、行動力。

當我們試圖感受苦難的深度時，會矛盾地發現這個空間已被填滿，裡面全是我們與他人的連結、希望和意義，超乎一般人的想像。

其實，談到第四項正念修練時，「痛苦」不見得是最貼切的字眼，「空虛」這兩個字有時更適切。這項修練要我們與空虛、悲傷、和人生無常進行連結。所謂的普世痛苦可以是孤獨的痛苦、改變的痛苦、因逃避、抗拒改變而帶來的痛苦。得不到或不想要的痛苦。無法掌控人生的痛苦。生老病死的痛苦。想要保護子女、親朋好友和自己免於苦難、劇變和失去，卻清楚知道自己無法做到的痛苦。目睹或聽聞世上不公、貧困、殘忍和暴力所帶來的痛苦。還有知道我們最終將失去所有的痛苦：我們周邊的人將一一離世，最後連自己也會死去。

這就是第四項正念修練所謂的「**與自己的痛苦連結**」。

不過，有一件事情讓人比較訝異，這也是比爾．喬治跟世界領導者互動過程中所觀察到的。他發現，有些事情看似痛苦，但卻是支撐人生最重要的動力。當我們面對、感受並與不安連結時，我們才知道自己最缺乏什麼、什麼最有意義。不論是身為領導者或在私底下，正視、與自己的痛苦連結幫助我了解最重要的事物。這就是第四項正念修練的好處，我的經驗告訴我，絕對錯不了。

四聖諦

早在兩千五百年以前，佛陀就說過要與自己的痛苦連結，這是他最早、或許也是最重要的教誨，排在四聖諦之首。第一項聖諦指的是**無法改變、顯而易見的事實，像是生老病死**。唯有時間、改變和無常才恆久不變，所有其他事物都有結束的一刻。雖然在當時，這也不是什麼稀奇的發現，但第一項聖諦想傳遞給我們的訊息是：**做人真的不簡單**。

接下來的兩項聖諦比較出乎意料之外。第二項聖諦指出，**不適、痛苦並非源自無常、空虛或外在因素，而是逃避的衝動**。第三項聖諦則說，**只有接受、處理和轉化不適，才能完全脫離苦海。唯有與改變、痛苦，以及痛苦的源頭連結，才能獲得自由、滿足和快樂**。

最後，第四項聖諦則是佛陀建議的應對方法。這些練習讓我們更能看清楚人生的所有面向，包括我們的遠景、思維、正念、言語、行動、生活、努力和靜觀。

因此，本書的第四項正念修練「與自己的痛苦連結」基本上融合了佛陀提出的前三項聖諦：**了解並接受痛苦，並借用痛苦來辨識什麼才是最重要、該怎麼做最好**。

這是為什麼禪修中心廚房的工作如此有力量、為什麼我現在回想起來，仍能從中學習到領導力的原因之一。禪修者並不隱藏自己的人生有缺失或充滿痛苦，我跟大家在廚房共事時，明顯感受到痛苦。然而，透過慈悲、連結來接受痛苦，尤其在忙著料理的當下，是一件很療癒的事情，也能藉此自我成長、擁有卓越表現。

○痛苦的好處：敲響問題的警鐘

接受自己的情緒困擾或許聽起來很奇怪，甚至有悖常理，畢竟，沒有人想痛苦過日子，包括我在內。不論是生理上或心理上的痛苦，我都不喜歡，我看到血就會頭暈目眩，甚至一想到抽血這件事情就足以讓我天旋地轉。好幾年前，我換了一位新的醫生，初診時她按照慣例問我對打針的反應。我還沒來得及開口回答，就已經感到一陣暈眩。

身為緊張猩猩的後代，我們很容易被周圍的既有威脅給嚇到。我們的情緒很脆弱、善變且常失控。無論我們有多幸運、可以活多久，世界仍會在我們面前慢慢崩解：親朋好友將逐一辭世、我們的視力退化、記憶力愈來愈差、愈來愈跑不動、公司倒閉導致我們失業、有人讓我們失望、繳費單永遠來不停、東西壞掉等等。

誰想面對這些痛苦？不過，這還不是最糟的。我們還要對付內在的自我批判、情緒焦慮。當我們得不到或不想要時，就會感受到痛苦。如果沒有達成目標，我們容易自我苛責，感到難過、罪惡、怨恨等其他負面情緒。生活裡，剪不斷理還亂的戲碼天天上演，讓我們備感壓力。

儘管如此，我們身處的文化、社會卻很少伸出援手。現存大部分的娛樂、醫療產業似乎都以躲避痛苦為中心思想，或以止痛、治標不治本的方式處理。現代人只要一出現情緒上或身體上的不適，就會選擇逃避或找藥吃。在本書的導言裡，我曾提到自己從小對於痛苦採取麻木、逃避的態度，連我身旁的人也是如此。其實，為了不感受痛苦，有些人甚至完全封閉自己真正的感情。

這是錯的。麻木和沉睡只不過是假象罷了，我們仍然感受得到痛苦，而且我們需要感受，因為一個很好的理由：**痛苦很有幫助**。

其實，痛苦是有其用處的。當痛苦不可避免地到來時，與其感到絕望，不如採取歡迎的心態。痛苦有助我們辨識問題，確保我們不會被傷害第二次。直覺上，我們明白為何生理上的痛苦有益，但對情緒痛苦、既有危機卻不然。

我們的身體非常脆弱，也容易生病、受傷。一般感冒、牙痛或背部痙攣就足以讓我們痛上好幾天。根據世界衛生組織，現代醫學已能辨識出約三萬種疾病，但有四分之三的疾病是沒有藥物可治療的。

話雖如此，只要稍有感冒、疾病或受傷，大部分的人都會選擇看醫生、找藥吃。如果病痛或症狀嚴重，像是跌倒後，腳踝變得無法支撐全身的重量，生活就會因此停擺，除非找出病源並對症下藥，否則我們無法回歸正常生活。如果放著病痛不管，幾個禮拜、幾個月或幾年過去，仍覺得一跛一跛地走路也不足以掛心的話，症狀只會愈來愈嚴重，最後一輩子跛腳也說不定。

為什麼我們不以同樣的態度對待情緒上的痛苦呢？

○不要逃避：靜觀你的痛苦

佛陀說，我們的自由、快樂取決於是否擁抱痛苦，這是什麼意思？在西方世界，羅馬帝國第一任皇帝馬可・奧理略（Marcus Aurelius）曾說過同樣的話，且被奉為名言。他說，「如果你因外在因素而痛苦，那麼痛苦並非來自事物本身，而是你對它的看法。既然如此，你隨時都有權利改變。」聽起來再對也不過，但要怎麼做才能轉化痛苦？逃避絕對不是方法之一，熟悉痛苦才是。

轉化痛苦最有效的方法是，闡明痛苦所伴隨的感受，以增進理解。此方法可用來處理大部分生理上、心理上的痛苦，你了解愈多，選擇和自由也愈多。

我最近跟一位大型服務業公司的主管、也是我多年的學生碰面。他透露說，他父親最近過世了，但值得慶幸的是，他工作太忙所以沒有時間停下來感受失去的痛苦。我建議他不妨選擇另一種療傷策略，就是給自己一些時間沉澱心情，整理一下對父親的感謝和緬懷，必要時向親朋好友或諮商師尋求協助，以走出傷痛。

談到情緒上的痛苦時，最有效、最適切的回應是欣然接受，並注意自己是否拒絕正視痛苦。

○靜觀：觀察痛苦

以下是一個簡單的靜觀指引，有助你感受什麼叫痛苦。

首先，採取一個你覺得舒適且能保持警覺的坐姿。慢慢將注意力放在身體上，意識到自己的坐姿。把腳放平在地上。至於雙手的位置，你可以選擇手心朝上或朝下，放在大腿或膝蓋上都可以。坐得比平時再挺一點，把一些能量集中在背部和脊椎，稍微拱起背部。讓肩膀和下巴自然下垂。注意到哪一個部分比較緊，看看你是否能用一些能量來放鬆。

再來，將注意力放在呼吸上。注意就好，不須做出任何改變。注意每一次的吸氣與呼氣，尤其是呼氣。

接下來，將重點放在大腦。注意到你的思緒，再看看你是否能將注意力拉回身體或呼吸。

現在將注意力放在你的情緒、當下的感受。不須試圖改變或迫使自己做什麼，讓難過、渴望或空虛的感覺油然而生。你身體的哪一個部位感覺到情緒上的不適？

短暫練習後，將注意力回歸身體和呼吸。注意到不適感如何影響呼吸？接著，將注意力拉回到你接下來要做的事情，想想看要如何將這些練習融入人際關係、工作上。

○注意到目標和理想不一致

當生活和人生目標出現落差時，也會引起不適或痛苦，像是做的事情有悖於自我價值時，或當我們已經改變但生活仍原地踏步時。不一致狀況出現的時候，不妨注意自己如何描述生活中發生的事，還有編織出的故事，這些都是想像猩猩最拿手的技能。

與內心深處的價值、自我同步一致這件事，往往從意識到不一致開始。如果你在工作上、職場上感到脫節與不適，請務必多加留意。不一致的狀況從小地方就能看出來，像是你對某些活動、決策感到疑惑、不滿或無法接受。大地方也能觀察到端倪，像是工作、人際關係持續成為不適而非滿足、快樂的來源時。

我清楚記得那一天，大約十五年前，當我踏進松枝之舞的辦公室時，突然覺得自己該展開另一段旅程了。十四年前我創立了這間公司，公司就像是我的小孩一樣，我看著它出生長大。這段漫長的路充滿了顛簸曲折，在家裡車庫草創時尤其辛苦。在我的領導下，公司不斷成長茁壯，讓我感到十分驕傲。當時，我手下有大約十五名員工，營業額約美金兩百五十萬，主要工作是設計、生產和配送卡片、月曆和日記。我們的客戶包括博德斯書店（Borders）、巴諾書店（Barnes & Noble）、亞馬遜（Amazon）、塔吉特百貨（Target），還有世界各地的零售書店與禮品店。

那天，大約早上八點，我到公司後直接走進辦公室，就要坐在辦公桌前的當下，我聽見一個很不可思議卻清楚的聲音：**我的心不在這裡，我已經不屬於這裡了。**

我打從心裡就不想聽見這個聲音，所以馬上感到不適、難過和痛苦。如果我聽從這個聲音，那就代表一切都要改變，我不只要放棄一手打造、賴以為生的事業，還有大部分的身分與職銜：創辦人與執行長、創意產品的推手、環保運動的領袖，以及成功的企業家。我試圖將這個聲音拋在腦後，希望它從此消失。畢竟，放棄了所有之後，我是誰、又該何去何從？光想到這裡就令人戰慄不已。

過了沒多久，我有機會跟一位公司的董事共進早餐，她也是一位投資家、朋友與心靈導師。她叫希娜．理查森（Shina Richardson），約大我十五歲，擁有一頭顯眼白髮，以及一雙彷彿可以看穿人心的藍眼睛。她曾是一間很成功的不動產兼住宿管理公司的執行長，她的直覺很準，渾身散發著高深莫測的神祕感。

用餐時，她直視著我的眼睛說，「馬克，你該離開松枝之舞了。」

一開始，我以為她對我的領導能力有意見，所以感到相當羞愧。我還來不及整理思緒作出回應，她就接著說道，「與其營運這間小的出版公司，你的人生有更多事情等著你。」

聽到這裡，我的心情馬上舒坦許多。不過，被捧上天的同時也感覺身處懸崖，她的話讓我感到不解與驚訝。

「像是什麼事情？」我追問她，「妳說我的人生有更多事情等著我，這是什麼意思？」

她說，「這就要你自己去發掘了。我們去書店一趟吧。」

我們倆的談話就此結束。

這場鼓勵我要正視生活上不適的早餐會，後來成為我尋求新平衡、展開人生新篇章的開端。跟希娜聊過後，我發現自己人生中的重要章節即將畫上句點，另一個篇章即將開始。從此之後，尋求一致化成為我的做事準則。現在回頭看，要是我沒有辭職，現在一定過著非常不開心的人生。為此，我除了要感謝痛苦、那提醒我生活與目標不一致的聲音、幫助我面對不適的朋友，還要感謝自己那股願意接受痛苦、探索、學習和成長的勇氣。

◎探索你的故事：寫下時間表

我在谷歌上課時，或在搜尋內在自我課程裡，都曾用此練習幫助學員探索屬於他們的故事。藉由辨識人生的高點（或最快樂的時刻）、和低點（或最痛苦的時刻），你可以進一步了解人生高低起伏之間的關聯，進而達到與重要事物一致化的境界。

拿出一張紙、一枝原子筆或鉛筆，在紙的下方畫一條直線。在紙的左下方，寫下你的出生年分。在紙的右下方，寫下今年年分。再來，請以十年為單位，作出區隔。在紙的上方寫下「我最快樂、最成功的時刻」；在紙的下方、直線的上方寫下「我最不快樂、最不成功的時刻」。接著，將你腦海裡浮現的事件與故事填進表裡，將快樂的事寫在紙的上方並標註年分，也將困難、失敗與失去寫在下方。我建議寫下的事件全部加起來至少要有十個，不要超過二十個，但你可以視情況調整。

以下是我在寫這本書時的人生時間表，可以作為你的參考範例。

紙的上方

一九六二——以投手身分，贏得紐澤西州科洛尼亞（Colonia）的地方少年棒球

聯盟世界大賽冠軍
一九七六——加入塔薩加拉山禪修中心
一九八一——結婚
一九八三——兒子傑森出生
一九八六——完成紐約大學企管碩士課程
一九八七——女兒凱羅出生
一九八九——創立松枝之舞
二〇〇四——創立企管禪夥伴、出版第一本書《當禪師變成企業主（Zen Of Business Administration）》
二〇一二——創立搜尋內在自我領導力機構
二〇一五——在譯者的協助下，前往日本講授正念與情緒智商課程

紙的下方

一九七八——父親過世
一九九五——母親過世

二〇〇四——離開松枝之舞

二〇一七——離開搜尋內在自我領導力機構

檢視人生中的高低點時，你發現什麼？**回憶起讓你最開心、最不開心的事情時，你有什麼感受？你是否對自己的選擇或回應感到訝異？**

你洞察到什麼？是否注意到：**(1)某些負面的事件仍然讓你心痛，盤據在心頭且影響情緒，或(2)某些看似負面的事件其實是人生重要的轉捩點，帶來了正面的改變？**

就我自己而言，我很訝異自己列出的正面事件竟然比負面事件多，因為我總是比較在意負面事件。此外，我也很驚訝，負面事件至今對我的影響竟然比正面事件大。

我們的人生故事是一種敘述體。誠如丹尼爾·卡內曼所說，我們除了經驗自我之外，還有一個論述自我，而此練習有助於我們探索、學習這兩種自我如何互動。

試看看：選擇你時間表上的一個人生低點，花至少十二分鐘寫下這個事件的種種。只要寫作就好，不需要編輯或想太多。接著，把你寫的東西讀出來。你從中學到了什麼？這些觀察可以如何正面影響你的人生？

○故意讓自己慘兮兮

我從小開始就是用否認、隔離的態度來對付情緒痛苦。我的父親患有狂躁抑鬱症，家裡緊張的氛圍不言而喻。儘管如此，大家卻避免觸碰這些議題，也不討論情感（這裡指的是任何情感，不論是正面或負面）。對我的父母來說，這樣也沒什麼不好。就小時候的我而言，藉由忽略情緒上的壓力，將注意力轉移別的地方，像是日常瑣事、拿到好成績、閱讀《哈迪男孩（The Hardy Boys）》等神祕事件小說上，我也感覺到安心。

至今天為止，我已接觸禪學超過四十年，我的工作是向世界上的領導者、企業家講授正念、情緒智商。不過，我常跟學員說，連我有時也會覺得自己到底是哪根筋不對，縱使身為領導者、丈夫和父親，我還是要很努力才能將情緒智商融入生活。我有時還會透露說，我太太覺得難以理解，我有什麼資格指導別人情緒智商。

為了改掉我用隔離、逃避來對待壓力、痛苦的習慣，我開始了一個我稱之為「讓自己慘兮兮」的練習。大概每個月一次的晨間靜觀時間裡，我會故意、有意識地讓自己正視所有的壓力、痛苦和不適。我試圖感受自己的、周邊朋友的，還有全世界的痛苦與空虛。我敞開心胸，儘量接納所有，強烈情緒與眼淚出現時，我也全盤接受。這些情緒出現又消失，通常痛苦結束後，伴隨而來的是強烈的感謝與連結。

試看看：我最近學會一個練習叫做「少一次呼吸」。意識到你每次呼吸就等於你的人生少一次呼吸。此練習有助於你感謝當下的人生，而非把所有事情視為理所當然。

維持視野

我在二〇一六年末被診斷出前列腺癌，後來也接受了治療。當時，在初步診斷出來後，我做了許多功課，發現前列腺癌好發於六十歲以上的男性，也發現，原來醫療社群對此疾病常小題大作。很多罹患前列腺癌的男性都被歸類於「觀察性等待」類別，也就是說，相較於積極手術或放射線治療，病人只接受定期檢查，以觀察癌症如何（或是否）惡化。有些前列腺癌的進展很慢，所以有些病人根本不需要接受治療。

剛開始被診斷出前列腺癌時，我很希望自己被歸到此類別，因為對觀察性等待這類逃避方法，我再擅長不過。可惜的是，我的主治醫師，還有另外兩位我尋求第二意見（還有第三意見）的醫師，表示事與願違。我的狀況比較顯著，屬於侵入性的，必須接受積極治療。

在選擇治療方式時，我發現手術、化學治療的一個常見副作用是性功能障礙。對我來說，性功能關乎我的顏面與自尊，所以成為我的主要考量點。不過，有一位醫生朋友很有智慧地點出我的盲點，他說，「如果你已經死了，大概也沒有什麼性生活可言了吧。」

必須做出困難決定時，與自己的痛苦連結，加上一抹幽默，就能事半功倍，因為這能幫助你看清楚全局，見樹又見林。

與自己的痛苦連結　重點練習

- 面對並接受痛苦和不適，這讓我們知道，什麼才是最重要、最有意義的。
- 情緒痛苦就像生理上的痛苦一樣，提醒我們哪邊出了狀況，需要被關注。
- 利用靜觀來探索情緒上的不適。
- 注意到你生活跟理想的不一致時，傾聽你的直覺、不滿或不適。
- 透過時間表來探索你的人生故事，以及你如何看待正面和負面事件。
- 不要逃避或隔離，有時故意讓自己慘兮兮，與人類共同的痛苦做連結。
- 練習「少一次呼吸」，好好感謝活著的當下，不要把一切視為理所當然。
- 遇到痛苦不要逃避，才能看清楚全局。

Part 2

連結

第五項正念修練：與他人的痛苦連結

如果你要他人幸福，要行憐憫之心。
如果你自己想幸福，也要行憐憫之心。

達賴喇嘛（The Dalai Lama）

我加入社會創投網（Social Venture Network）超過二十年，從擔任松枝之舞執行長開始。社會創投網是一個投入企業社會責任的非營利先驅組織，會員超過五百位以上，每年舉辦兩次年會，西岸年會於秋季舉行，東岸年會則是春季。

我清楚記得，我加入沒多久後的一場會議，地點位於紐約市郊區。會議室裡，上百名企業家、營利和非營利執行長坐成數個大的同心圓。社會創投網創始會員拉姆．達斯（Ram Dass）站在同心圓的中間演講，要大家接下來進行討論。拉姆．達斯結束後，一位成功的大製造業公司執行長舉起手，並接手麥克風。他說，在這個場子裡，他感覺自己是外人，甚至像騙子，彷彿自己不屬於這個團體。他不覺得自己很成功，而且與其他公司相比，也不認為自己的公司有足夠的社會影響力，可以讓他坐在現場。接下來，另外一位資深會員拿起麥克風，表示她深有同感。輪到其他人發言時，不少重要會員也坦承自己感覺格格不入。

當時，我剛加入這個團體，對這番景象感到訝異不已。從我的角度來看，說話的人不僅都是成功的企業人士，也是資深的重要會員。若要說格格不入的話，應該是我跟我的公司才對。當時的松枝之舞只是一個很小、還在成長中的公司，收益不到一百萬美金。

當麥克風再度回到拉姆．達斯手上時，他對大家的肺腑之言、勇於承認自己的脆弱表示感謝。他並沒有要求或期待大家說出這些內心話，但他認真傾聽，了解他們字裡行間的痛苦和渴望。然後，他建議我們以痛苦、脆弱為出發點來培養信任，為這個團體和世界所面臨的迫切議題尋找真正的答案。

在某種程度上，在座的會員對格格不入的痛苦都感同身受。想要歸屬於一個團體、理由、社群、或比自己更大的事物是人之常情。這就是同理猩猩所渴望的，牠渴望與他人產生連結，因此當我們被排擠、覺得自己不適合或沒有歸屬時，就會痛苦萬分。不論是個人對個人或個人對團體，只要斷了連結，我們就會感到痛苦。這種失去的痛苦普世皆同，每個人在某些時候都會感到孤單、分離，被排除在外。

會議中，大家對痛苦、孤立、渴望和缺乏感產生共鳴，所以更團結了。我們與彼此連結，是出於人類內在的共同渴望。會議結束後的當天，甚至接下來的幾天裡，大家因為格格不入而顯得更為親近，沒有歸屬這件事情反倒讓大家找到了歸屬，產生了連結。這個結果出乎意料之外，而且充滿矛盾：大家共享的脆弱、追求的歸屬感，反而讓大家緊緊相連。

試看看：把你對於歸屬、沒有歸屬的感覺寫下來。

你屬於哪些團體？

你什麼時候覺得自己格格不入？

什麼削弱了你的歸屬感？

什麼增強了你的歸屬感？

○領導力代表強化社群和連結

第五項正念修練是培養優秀領導力、打造世界和平所需的重要能力之一。我的經驗告訴我，當我們深入了解彼此、接受人性的共同點時，效果是立竿見影的。人性的共同點是渴望快樂和歸屬，沒有快樂、缺乏歸屬就會痛苦。當領導者在培養團隊的共同目標、強化團隊成員的個人成長和內心強度時，「感受他人的痛苦」是一個重要關鍵，也是有效的練習。

就像第四項正念修練所述，這裡指的「痛苦」是指人類對不適、失去的共同經驗。雖然痛苦也包含生理上的痛苦，而且每個人因狀況不同而有所差異，但重點在於大家所共享的情緒痛苦，像是無常、改變、脫節，還有覺知到自己即將失去、老化、生病和死亡。痛苦也包括自我的感覺，譬如感覺自己很獨立，卻又渴望歸屬於團體。

身為同理猩猩的後代，經過演化的我們學會了將心比心。將心比心即是同理，包括感受他人的所有情感，不論是生理上或心理上的。許多科學研究顯示，我們與他人之間的連結遠比想像中來得密切。舉例來說，我們會受到他人的荷爾蒙、身體的影響，住在同一個屋簷下的女性生理週期會逐漸趨向一致。而且科學證明，正面、負面情緒都具傳染性。這一切都反映出人類的共同經驗，因此我們的感覺、情感強烈地環環相扣，這一點幾乎無庸置疑。

我們常誤以為，自己不用分享他人的痛苦，領導者尤其如此。有些證據也指出，領導力與同理心呈反比，領導力愈強，同理心愈少。不知為何，將心比心是與生俱來的本能，但我們有時卻覺得自己可以置身事外。為什麼會這樣？我不知道，但有幾個可能的理由。一個理由是袖手旁觀似乎代表了免責。如果清楚劃分你我，你的痛苦就不是我的痛苦，我也不需要做任何處理。另外一個常見的理由是，或許我們也不想感受自己的痛苦。我們不想花費力氣去體驗、分享他人的痛苦、孤單或失去，因為那代表承認自己的痛苦。這就是為何身為同理猩猩的後代，我們容易分享他人的快樂，卻難以承擔他人的痛苦。

儘管如此，同理心是領導力的核心、身為人類很重要的一部分，也是人性的共同點。希望你了解，學習有技巧地感受他人的痛苦確實能增加安全感、滿足度和歸屬感，縱使邏輯上有些矛盾難懂。同理心有助我們自由表達內心的想法，也有助他人表達他們的內在。這項修練的目的是透過他人的經驗與視野，以訓練自己的心靈與他人密切連結、看到並感受人性的共同點，還有培養惻隱之心，也就是施予慈悲。

○辨識四騎士

約翰．高特曼（John Gottman）博士長期研究夫妻在一起或分開的原因，他只需要觀察一對夫妻五分鐘，就能預測哪一對會繼續一起，哪一對會離婚，且命中率超過九成。他指出，婚姻失敗的四大預測指標為批評、鄙視、防禦和築牆，並將它們稱為「末日四騎士」。

這些行為在任何一段關係中都可能出現，它們是我們刻意逃避感受他人痛苦的手段，也是封閉自我的有效方法。若要學會感受他人的痛苦，最好先辨識這四騎士，這樣你才能知道你傾向用什麼方式在逃避。

雖然幾乎每個人、在某些時候都會出現這些行為，但我仍覺得有必要為這些行為下一個定義，以釐清其運作機制。

批評——做出不認同的評論，以顯示他人的痛苦是自作自受，因此自己也沒必要伸出援手。

鄙視——輕視或羞辱他人、質疑他人的誠信和人格。我們常用鄙視來否認痛苦或質疑其正當性。如果痛苦不存在，那我們也不用將心比心了。

防禦——透過設置障礙來拒絕挑戰或批判，對情況或事實表示不同意。就像批評一樣，這種手法是用來否認錯誤、個人責任，以及伸出援手的必要性。

築牆——藉由拒絕回答、給予避重就輕的回覆來達到延緩或封鎖的效果。換句話說，失敗時，對自己不想看、不想處理的事情視若無睹就好。

試看看：你通常如何逃避感受他人的痛苦？花一點時間思考「四騎士」，批評、鄙視、防禦和築牆這四種行為中，你是否也常使用其中一、兩個方法？築牆是我常做的事情，每當我感到脆弱、必須與**自己的痛苦**連結時，我的第一直覺是封閉自己。我想逃跑或消失，所以步步後退、不斷築牆，一直到我覺得夠安全為止。在這一個禮拜裡，或只要你想到也可以，試圖觀察你身邊出現的四騎士，對象可以是你自己或他人。有時候四騎士很顯而易見，有時卻隱晦難覓。當你發現時，不妨反其道而行，感受他人的痛苦並專注於連結，而非排他或劃分敵我。

○一個更祥和的世界：看見共同點，慈悲為懷

身為「搜尋內在自我領導力機構」共同創辦人和前執行長，我參與了公司遠景的起草工作，我們的目標是「全世界的領導者都充滿智慧、富有同理心，這是世界和平的基礎」。

制定遠景時，當時的董事會認為有必要將目標拉高一點（非常高！），甚至闡述一個幾乎不可能達成的遠大夢想。這樣的想法合乎現在這個奮勇前進、無所畏懼的時代，也適用於正念、情緒智商的訓練。然而，我有時會看到一些人對於這樣過於天真、不切實際的目標翻白眼。的確，回顧人類文明的紀錄，再看看地球上現存

的暴力、衝突和戰爭，不翻白眼也奇怪。這些充滿智慧、富有同理心的領導者在哪裡？靠個人的力量有可能讓世界和平嗎？

不過，這項修練——與他人的痛苦連結——卻點燃了我內心的希望。

在「搜尋內在自我」的兩天正念情緒智商課程裡，重點特別被安排在第二天的中午過後。從許多方面來說，前面的一天半都是在為此做準備，我們一起營造了安全的環境、教導學員安靜且專注地靜坐，還有練習傾聽時不打斷別人。到此為止，課堂裡已經介紹了三種情緒智商：自我覺察、自我管理和動力，學員們也已經準備好要練習與他人的痛苦進行連結。練習時，我們著重於培養兩項重要的能力：看見共同點、慈悲為懷。

以下是我們的練習，已經過編修才收納到本書裡。此練習包括兩個部分，第一部分強調看見共同點，第二部分則是慈悲為懷。練習時，學員先兩兩配對，每一對都面對面坐著。如果你也想試看看的話，不妨找一個你信任的親友，請他們先閱讀此章節，讓他們了解練習的理由和目標。不過，不一定要面對面（透過電話或視訊也可以）才能練習，甚至一個人也可以做，只要想像一個真的、或虛擬人物坐在你對面，並按照下面的指示做即可。

○第一部分：看見共同點

利用幾分鐘的時間，沉澱心靈或靜坐。將注意力放在身體和呼吸，放下一整天的忙碌與工作。

注意到坐在你對面的人。看看這個人。他也是人，跟你一模一樣。注意到你們都是人這個共同點，你是否對此感到自在或不適？此時不論有沒有跟對方眼神接觸，都沒關係。

接下來，大聲朗讀以下的句子，或小聲地說在心裡也可以。邊說邊思考每一句話的意義：

- 我對面的人有身體和大腦……我們都一樣。
- 我對面的人有情感和想法……我們都一樣。
- 我對面的人經歷過痛苦、悲傷、生氣過、傷痛過和困惑過……我們都一樣。

- 我對面的人經歷過生理上的痛苦、情緒上的痛苦……我們都一樣。
- 我對面的人想要免於痛苦和折磨……我們都一樣。
- 我對面的人經歷過許多快樂的時光……我們都一樣。
- 我對面的人想要健康、被愛和擁有圓滿的人際關係……我們都一樣。
- 我對面的人想要快樂……我們都一樣。

○第二部分：慈悲為懷

接下來，練習施予慈悲，讓心頭充滿善念。開始之前，花一點時間再瞧一瞧你對面的人。他跟你一樣，都是人。

然後，大聲朗讀以下的句子，或小聲地說在心裡也可以，句子與句子之間稍微停頓。

- 我希望對面這個人有力氣與資源，可以處理人生的疑難雜症。
- 我希望對面這個人可以免於痛苦和折磨。

- 我希望對面這個人可以開心。
- 因為這個人跟我一樣，都是人。

接下來，請把這份祝福送給其他人，所有你想得到的人，儘量廣傳善念。如果你想要的話，也可以把這些人的名字或所屬社群講出來也無妨。

- 希望這個房間、大樓裡或房屋裡的人都能開心。希望他們不用受苦，希望他們心裡平安。
- 希望我的家人和朋友都能開心。希望他們不用受苦，希望他們心裡平安。
- 希望我的同事跟工作夥伴都能開心。希望他們不用受苦，希望他們心裡平安。
- 希望世界上所有的生命都能開心。希望他們不用受苦，希望他們心裡平安。
- 最後，不能忘記自己。希望我能開心。希望我不用受苦，希望我心裡平安。

說完這幾句話後，將注意力放在身體和呼吸上。放下任何思緒和情感。注意到你正在吸氣、吐氣。當你和對面的夥伴都做完這個練習後，再利用幾分鐘的時間，將你的注意力帶回當下。

此練習可以建立理解、築起人與人之間的橋梁，就算是第一次見面的兩個人，或者對彼此有誤解、衝突的兩個人也一樣有效。我認為，促進和平世界的方法之一是先營造一個安全的空間，然後再請斷了連結、孤立的兩個人來做這個練習。

看見共同點、慈悲為懷這兩個練習有助於建立內在資源、可以減輕我們的恐懼和偏見，讓我們認清我們都屬於同一個部落，來自同一個人類大家庭。

○深入了解

以下是一般常見的對話：你好嗎？很好。你感覺如何？很好。工作、學校跟人際關係如何？很好。有一位心理學家朋友跟我說，「很好」其實代表「很多情緒沒有表達出來」。

換句話說，**很好**是一個被社會所接受的築牆或防禦方式。不過，我們不一定要接受**很好**這個答案。我們要知道，這是婉轉的逃避，並且練習我所謂的「深入了解」。我們可以鼓勵對方要坦誠地分享自己的轉變、挑戰和痛苦，而非駐留在膚淺的情緒上。對於恐懼和懷疑，包括自己的恐懼和懷疑，我們應該用好奇心來面對，而非一味逃避。我們無須窺探，帶著尊重的態度也能探索人生的諸多困難與挑戰，包括沒有歸屬感，或為了安全感而隱藏痛苦。揭開他人潛伏於日常生活中的痛苦可以帶來驚人的能量。痛苦就像膠水一樣讓我們緊緊相連。痛苦反映了掙扎、失敗、脆弱和折磨等人類共有的情緒，也就是所謂的人性。

過去二十多年來，我跟諾曼・費雪一起帶領綠谷農場禪修中心為企業人士所舉辦的一日工作坊「公司時間」。我們每年舉辦三到四次，每次出席的學員有一半的人都是老面孔，另外一半則是首次參加。早上請學員說話時，大家從自我介紹開始，每一個人說出來的職銜、工作履歷都亮麗無比，他們是執行長、科學家、企業家、教練、顧問等專業人士。接下來，等到做完靜觀、正念傾聽，當大家感到安全和脆弱後，我們再請大家說些話。這一次，幾乎每個人都主動分享了自己的弱點，幾乎每個人在職場上或私生活裡都面臨轉折。一開始上課時，大家好像都想表現出自己很厲害的樣子，因此造成比較心態，缺乏連結。到了當天下午，大家比較能敞開心胸面對痛苦與挫折時，連結、信任和同理心就出現了。我發現，不只在企業界如此，在其他領域也一樣。

另外一個例子發生在好幾年前，當時我在德州奧斯丁（Austin）郊區幫一個大型軟體公司舉辦為期一天的正念情緒智商訓練課程，參加的學員是排名前百大的業務員。這個內部活動總共舉辦兩天，第一天的目的是尋找高壓環境下的工作策略，增加團隊間的信任和互動；第二天的重點則放在闡述公司策略和目標。

當時，我站在講台上環顧四周，在座的每個人看起來都很成功、對自己充滿自信。學員們來自多元的背景，有男有女，來自亞洲、北美洲和南美洲的國家。男生幾乎穿西裝打領帶，女生則身著半正式的辦公室套裝。會場飄散著成功與自信。

不過，早上的課上到一半，也就是講完本書的前四項正念修練裡的正念、傾聽練習後，大家就開始慢慢卸下「面具」，放下自己的「角色」和專業，展現人性脆弱的一面。

接下來，他們的提問愈來愈多，問題愈來愈個人化。很多人想知道，工作上要如何處理高需求下所產生的壓力、要如何與散布於世界各地的團隊遠距合作。也有人問到，要如何在頻繁的出差與家庭之間找到平衡、要如何處理焦慮、要如何在忙了一整天之後，回到家還能維持情緒上的平和。有些人提到自己小孩所面臨的品行、毒品問題。還有一位女士分享說，自從她的小女兒不幸車禍身亡後，她就一直走不出悲傷。

這一天結束時，會場能量完全改變了。學員們學會了敞開心胸、互相連結和彼此信任。他們正是創造和平的那一群充滿智慧、富有同理心的領導者。

誠如柏拉圖所說，「善待你遇到的每個人，因為他們都在為人生奮鬥。」

試看看：找找看「深入了解」的機會。你在派對或商務場合遇到人的時候，與其談論天氣或閒聊，不妨直接問對方：**請告訴我你的人生故事。有禮貌且真誠地問對方：你的最大挑戰是什麼？你做了哪一些事情才有今天的成就？你突破了哪一些障礙？**

接著，你只要傾聽就好，一邊傾聽一邊尋找你們的共同點，並且施予慈悲之心。

○自他交換：施與受

自他交換是一個古老的佛教修行，翻譯成白話就是「施與受」。這個練習跟上面的練習一樣，分成兩部分。第一部分很簡單，就是將和平、自由與療癒的祝福送給家人、親密好友和工作夥伴。為了廣傳善念，請將祝福也傳遞給那些不好相處、跟我們有衝突，甚至關係惡劣、與我們為敵的人。給予他人祝福是安撫緊張猩猩的一股強大力量。

第二部分比較有挑戰性。請練習面對痛苦與困境，碰觸它、接受它，並把它放在心上。我們普遍能感受得到兩種痛苦，一種是已知的痛苦，另一種是只能透過想像來感受的痛苦。這些痛苦包括自己或他人受傷、受挫或失望的痛苦，可以小到像沒被選上體育隊或沒有被朋友善待，也可以大到親戚或親密友人的死亡。

這個兩段式練習先從想像猩猩開始，然後才是同理猩猩。此練習有助我們與他人的痛苦連結、改善與他人痛苦之間的關係，也能幫我們敞開心胸。我們可藉此體會到，不論是生理上或心理上，我們感受他人痛苦的能力遠比一般以為來得強大、有接納力。此練習讓我們能抱持開放的態度，理解他人面對的挑戰與痛苦。

○施與受的靜觀

首先，找到一個你感到舒適、同時也能保持警覺的坐姿。利用一些時間沉澱身心，讓自己與身體、呼吸、思緒與情緒同步。接著，請把注意力放在呼吸上。

練習把祝福傳遞給他人，心裡想著你周邊的人、家人、伴侶和親密好友。跟自己說：**希望他們快樂，希望他們沒有痛苦，希望他們平安**。

下一步是將祝福傳遞給你熟識的人和工作夥伴，以同樣方式給予他們祝福。

接下來，將祝福傳遞給你接觸過、但幾乎沒有往來或鮮少聯絡的人。

最後，將祝福傳遞給那些跟你發生過衝突的人。

結束後，就可以進入第二部分的靜觀。試圖讓自己感受一下他人的痛苦、全世界的痛苦。你可以在腦海裡設定一個情境，或者純粹去感受你認識（或不認識）的人所面臨的失去、痛苦、不平等和困境。怎麼做都可以，只要對你有效就好。

練習時，要放慢呼吸。每吸一次氣，就吸入他人與全世界的痛苦與折磨，感受到你的心正在慢慢擴大。呼氣時，放下你的情緒，將注意力拉回呼吸。你可以自行決定練習的時間長短。

結束練習後，請利用幾分鐘的時間，將注意力帶回到呼吸與身體上，放下任何的思緒、意象和情緒。然後，再將注意力拉回當下。

○用同理心來領導

不只是對於領導者而言，對於所有人類來說，培養同理心至關重要，因為同理心可以喚起一股很強的動力：慈悲，也就是意圖幫他人減少痛苦的行為。同理心是培養內在力量的有效方法。如果我們看不到或拒絕承認他人的痛苦，就不會付諸行動去幫助他人，這樣一來就糟蹋了我們改變世界的力量與能力。不過，有了同理心之後就完全不同。我們可以用自己的力量來行善，前提是先做到「與他人的痛苦連結」。

我常被問到要如何區分同理心與慈悲心。同理心是領受他人的感受，然而也能區分他人的感受和自我感受。這個定義的後半段，也就是「把他人的感受和自我感受區分開來」是關鍵。沒有區分開來的話，就會變成「情緒傳染」。其實，我們不只感受，還認同他人的感受。

慈悲心則由三個部分所組成：⑴同理心，也就是領受他人的感受；⑵理解力，是想了解他人的感受和經驗；⑶動力，是想幫助他人脫離苦海。

在「搜尋內在自我」的兩天課程裡，我們有時會播放一則影片讓學員體驗看看什麼叫做慈悲。影片裡，一位年輕女性在美國國家籃球協會（NBA）賽事開始前高唱美國國歌《星條旗之歌（The Star-Spangled Banner）》。才唱沒多久，這位女歌手因為忘詞而緊張到一動也不動。這時，一位名叫莫里斯·奇可（Maurice Cheeks）的籃球教練站到她旁邊，讓她知道她並不孤單。這位教練似乎不清楚歌詞，歌唱得也不怎麼樣，但他的挺身而出讓女歌手想起了歌詞。最後，她成功把整首歌唱完，還獲得滿堂采。

這則影片我看過不下二十次，但每次看都能感受到女歌手的恐懼與羞愧。對於有人願意在她脆弱無助時，勇敢地挺身而出、展現慈悲，我也感動萬分。

試看看：在日記裡，請寫下你在生活的各面向上如何幫助他人，或者可以如何提供協助。是什麼支持、或阻止你採取慈悲為懷的行動呢？

○痛苦與接受

當我二十六歲、還在北加州的綠谷農場禪修中心當禪修生時，接到父親因癌症末期被送進醫院的消息。那時的我二話不說，馬上就飛到了紐澤西州。抵達醫院時，我看到父親被五花大綁在床上。醫生解釋說，他晚上會在走廊上徘徊，因此需要服藥並綁上約束帶。

現在回想起來，我感到很幸運，因為當時有很多人願意幫我。我有兩位舊金山禪修中心的好友，他們不僅陪伴我度過這段難熬的時光，還剖析醫院的運作給我聽。他們認為，我才是有權做決定的人，不是醫生。有了他們的支持，我接著跟父親的主治醫生詳談、將父親從床上鬆綁，並要求停藥。等到父親藥效退了，意識逐漸恢復後，我才能跟他促膝長談。我一五一十地跟他說了醫生的診斷，醫生說他的全身上下充滿了癌細胞，可能不久於世。同時，我也跟他說，我仍抱持希望，希望奇蹟會發生。我努力感受父親所承受的所有痛苦，而且感受到他也了解要我開啟這段對話有多麼痛苦。

自從我大學時為了加入禪修中心而選擇退學後，父親一直對我非常失望且生氣。我跟父親解釋病情的當下，他看著我的眼睛，對我說，「雖然我不知道你在做什麼，但請繼續。」

這是我人生中最有力量、最有意義的會面之一。我們父子倆沉浸在彼此的痛苦中，體驗到與彼此痛苦連結之後所衍生而出的全新認知、深層的接受與愛。

與他人的痛苦連結　重點練習

- 請記住，從定義上來說，領導者的工作是培養社群、建立連結。
- 辨識逃避與他人痛苦連結的「四騎士」，也就是批評、鄙視、防禦和築牆。
- 練習看見共同點，並施予慈悲。
- 跟他人對話時，試圖「深入了解」，詢問對方所面臨的挑戰和困境。
- 練習自他交換，也就是施與受靜觀。
- 強化同理心以施展抱負，用同情心來領導他人。

第六項正念修練：依賴他人

我每天提醒自己一百遍，我的生活，不管內在或是外在，都是以他人（包括活著的和逝去的）努力的成果為基礎。所以我必須盡力奉獻自己，希望能以同等的貢獻，來回報從他人身上所獲得的一切。

阿爾伯特．愛因斯坦（Albert Einstein）

在禪修中心廚房工作時，讓我印象最深刻的事情之一是菜單製作會議。我每週都會找三位「賓客廚師」一起討論菜單，這些廚師是從廚房學員裡選出來的優秀廚師，經驗與才華兼具。他們夏天要負責提供每日三餐給七十到八十位過夜賓客享用。討論時，我們的桌上總是堆滿素食食譜、之前菜單的詳細紀錄，還有記滿想法的紙張與索引卡。我們的討論內容包括下週每日三餐的菜單，還有每人每天的工作分配。有些菜單來自於「身經百戰」的餐點清單，有些則偏向實驗性質，我們有時候也會想做新的嘗試，譬如使用當季蔬果入菜。

身為主廚，我在討論時主要扮演的角色是教練、導師，就哪些地方做得不錯、哪些地方可以做得更好表示意見。我們的話題觸及廚房的文化與工作、團隊的運作與成長，也會從修行和廚師的雙重角度出發，討論每一位廚師的成長狀況。然後，我們會談到餐點的品質，探究哪些餐點不錯、哪些餐點可以更好。身為教練，我常常問他們，我要怎麼做才能幫得上忙，才能對個人和團體有所貢獻，要怎麼做才能提升廚房的整體運作效率。

這些會議令人感到滿足，有時甚至興奮不已。在這個團隊裡，學員與學員之間充滿信任與關懷，因為大家在廚房內一起工作，在廚房外一起修行。禪修的重點練習之一是慷慨，也就是善待自己和他人，因此廚房工作無非是幫助彼此成長，邁向成功之路。每當衝突、異議出現時——當然這無法避免——慷慨即成為尋找創意解答的平台。這讓我們得以敞開心胸討論對策，以因應料理、修行時出現的機會和挑戰。無論我們被分配到什麼工作，在學習和成長的路上，我們是平等、相互扶持的同儕。至於菜單的部分，我們每次總能討論出簡單、高雅、且創意十足的菜單，這絕非一個人的力量可以達成的。

菜單製作會議是投入練習，也是整合練習。會議是為了煮菜（之後將發生的事情）而開，但會議本身的重要性也不容忽視，透過開會，我們可以統整所學到的概念，如並肩合作、相互扶持、和建立信任。開會的重點之一是注意到並改善團隊的合作模式，以求透過互相扶持，達成目標。如果不這麼做，我們絕對做不出期望中的高水準餐點。

以上即是第六項正念修練「依賴他人」的中心思想。帶領一個團隊、跟團隊互動時，為了與他人合作順利，我們努力將所學到的修練應用出來，展現高度的自我覺知、自信、謙虛、同理心和開放的態度，也就是初學者心態。從很多方面來說，我認為正念領導力可以說是一門依賴他人的藝術。

○相互依賴：領導力的藝術

就傳統定義來說，領導力是激勵他人採取行動、達到共同目標的能力。這樣說一點也沒錯；不過，我想改變一下說法。我認為，領導力是在重視結果的環境下，建立信任、有意義連結的一門藝術。領導者提供團隊支持和幫助，但這必須建立在他人依賴你、你也依賴他人的相互依賴關係之上。

領導者的主要工作之一是鼓勵團隊成員發展個人能力、洞察力，並打造一個具備達標能力、洞察力的團隊。這意味著要辨識團隊裡的創意落差，包括領導者本身的落差在內。你缺乏哪一部分能力、洞察力？團隊需要誰、哪些東西是你無法提供的？換句話說，「依賴他人」等於理解力、行動力和回應力的展現，擁有以上特質的團隊績效卓越、創意十足，成就遠遠比單打獨鬥還要大。團隊也需要一個領導者來傾聽、尊重且兼顧每個人的想法，並在考量大局後，做出對團隊、組織最有利的決定。

事實上，一個團隊若運作得好，根本看不出來有、也不需要一個「領導者」。其實，谷歌也曾經這麼認為，因此在二〇〇八年啟動了一個叫做「谷歌氧氣計畫

（Google Oxygen）」的研究，以探究好主管需要具備哪些特質。他們是希望藉此證明，主管對於團隊的成功與否沒有太大的影響。谷歌的企業文化，尤其是早期的企業文化，主要建立在工程與創意上，因此領導者和管理階層被認為是必要之惡，或者充其量只是非必要的官僚。

然而，出乎谷歌意料之外的是，領導者的行為對團隊績效、還有成員的幸福具有顯著的影響。根據谷歌的研究，帶領成功、高績效團隊的領導者，全都具備以下三種能力：

教練：好領導者願意花時間跟每一位團隊成員見面，並扮演教練的角色。他不只與成員建立信任關係，也給予成員挑戰。好領導者對每位成員、以及他們的職涯發展表示由衷的關心。

賦權：好領導者賦予團隊權力，不會事事干涉。他們提供團隊指引、支持，相信每位成員知道自己在做什麼，並給予團隊很大的發揮空間。好領導者提供團隊成功的所需條件，但會注意不要過於干涉團隊的運作，在兩者之間取得平衡。

傾聽：好領導者會打造一個包容性的環境，藉由傾聽每個人的意見，以掌握公司目標和成員狀態。好領導者會注意到團隊目標、公司目標和個人狀態之間是否有衝突，並找尋解決方法，力求在所有面向都能達標。

谷歌的研究結果跟我（在第一章裡）提到的領導者三大「工作」很相似，也就是思考、傾聽和支持。或許名稱有所差異，但顯而易見的是，這三大工作反映出正念領導者能補足、克服三種猩猩不時帶來的負面影響。舉例來說，正念領導者會儘量避免慣性反應和過度干涉，他們會傾聽他人的意見，尋求對團隊最好的對策，他們也懂得強化連結和同理心，防止一意孤行的傾向。

○抗拒：努力在盤根錯節的人際關係裡獨來獨往

當我們看到鏡子裡的自己時，裡面的那個人看似形單影隻、與世隔絕。不過，這只是一個表象而已。就像是從地面上來看，白楊樹好像都是一株一株的，其實，在地表下，白楊樹的樹根盤根錯節，自成一個系統。以手指來打個比方的話，當你端詳自己的手指時，每一隻都能自由活動，但手指也是手的一部分。人與人的關係比我們想像中還環環相扣。禪學裡有一個說法，那就是人與人就像水和牛奶，混在一起時很難區分，不全是兩種液體，但也不能說是一種液體。

事實上，我們都身處於盤根錯節的人際關係裡。我們的世界由伴侶、子女、父母、兄弟姊妹、老闆、董事、同事、員工、老師、學生、客戶，還有所有跟我們有關的人所構成。我們依賴他人提供房子、電力、衣服和食物等有形物質，甚至連呼吸的空氣是否清新也是。世界的萬事萬物都是相互依賴的，包括家人、社群、政治、以及地球的狀況。

不過，人與人之間的依賴不只停留在陪伴、愛、食物和衣服等看得見的東西。我們也依賴他人提供音樂、數學、政治、科學、藝術、道德、信仰和想法。舉例來說，大多數的人無法靠自己的力量證明地球繞著太陽轉，我們也不是提出存在主義的人，更沒有能力創造語言或網際網路。

從最基本的層面來說，我們的身分、價值、思考方式，以及如何看待自己與世界，這些也依賴著他人。我們的觀點受到身邊親友、所屬社群、所受教育、宗教（或無宗教）和社會的影響。我們身處於一個充滿想法、信仰網絡的社群之中，其中的盤根錯節是人的潛意識很難完全辨識的。

人與人如此緊密相連，但奇怪的是，我們卻對獨立自主推崇不已，似乎獨當一面比相互依賴還重要。我們以為，每個人理當要照顧好自己、為自己負責，在食衣住行和許多狀況下不仰賴他人。當然，個人力量、自信和自給自足是很棒的特質，但這些特質並非獨立存在的。這些特質的存在也並不是要劃分你我。剛剛提到，谷歌發現所有的團隊需要好領導者才能成長，同樣的道理，個人之所以能「獨立」，背後反映的是廣大社群的支持。

如果真是如此，為什麼我們時常「忘記」大家是相互依賴的事實，為什麼我們不想依賴他人呢？第一，承認這種依存關係風險大，且令人心生恐懼。依賴他人意味著結果可能不如預期，你可能會因為不滿意而倍感挫折、受傷。其實，在所有企業、個人或家庭關係裡，你都需要依賴他人及時出現、提供協助、幫你完成你做不到的事情、給予情緒支持、接受你，還有愛你。

每當依賴他人時，我們感到脆弱。他人可能讓我們失望，帶來失去和痛苦。既然不想受傷，我們自然會避免仰賴他人，或者避免承認自己有多麼需要他人的協助。

我們這樣做的時候（或當我們這樣做的時候），只不過是想保護自己不受傷害，並非在尋求對整個社群、對所有支持我們的人來說最好的解決之道。

況且，身處一段關係之中，代表我們沒有掌控權。他人的目標可能跟我們不同，或者雙方就如何才能達成目標的想法不同，但沒有他人的同意，我們又不能擅自行動。要達成協議、合作和協作很困難，所以若想完成一件事情，似乎自己捲起袖子來做還比較簡單。如果我們相信自己是專家，就會以為自己知道怎麼做最好，就會避開討論、協商或妥協。

第六項正念修練「依賴他人」會引起內在很大的反彈。舉例來說，緊張猩猩不喜歡揭露自己的脆弱，所以會抗拒各種形式的依賴。想像猩猩則愛往糟糕的方向想，喜歡編織各種失敗的故事，幻想自己的缺點被發現。依賴他人的風險非常大，幾乎沒完沒了。不過，這些擔心幾乎都源自一些微不足道的恐懼，像是如果我們依賴他人，他們有可能會反過來咬我們一口（不論他們是否採取行動）。或者，最後勢必面臨曲終人散的心酸，他人可能為了更好的工作或伴侶拋棄我們，或因生病死亡離我們而去，傷透我們的心。

無論理由為何，我們在人際關係裡所採取的自保行為顯而易見。我們封閉自己的感情和心，不依賴他人，但最後卻導致「己所不欲，要施於人」的結果，像是：

- 我們不對一段關係或一個團體做出承諾。
- 我們努力變得更強、更獨立，以凸顯我們不需要一段關係或一個團體。
- 我們不斷尋覓另一段更好的關係（更好的員工、伴侶或朋友）、更好的工作，也就是說我們在「分散風險」，不輕易相信他人。

以上行為讓我們愈來愈獨來獨往，離連結愈來愈遠。這些行為削弱了我們的力量，因為我們拒絕協助，所以任何給予我們的協助都會被排除在外。在情感上，為了不讓自己失望或心碎，以上行為以自我保護之膚淺名義，犧牲了人生的豐富經驗。這些看似邁向「獨立」的行為，招來的卻是反效果。

在企業界，領導者無時無刻都在面對這個兩難。他們害怕團隊讓自己失望，也害怕失敗的難堪。這就是為什麼我會說，依賴他人是一門體現正念領導力的藝術。如果要依賴他人，就要練習、培養所有其他六項正念修練。

以下是一個簡單的正向例子。我在擔任「搜尋內在自我領導力機構」執行長期間，創設了開放休假的制度。在此制度下，員工能夠以度假、健康為由休假，而且沒有天數上限。唯一的條件就是每個人都要完成自己手邊的工作，達到或超越事前協議好的目標、工作表現。想休假的人不需要經過管理層批示，只要跟其他員工協調好日期即可。對我來說，這個制度不僅對公司文化很重要，也反映了我的行事作風。我自己不希望有人管我什麼時候休假，我想要被支持、被信任，所以也用同樣的態度對待他人。

對於這個制度，一開始我感到緊張且脆弱，因為我不知道是否有員工會濫用這個制度。我擔心是否在別人眼裡，我會成為帶動鬆懈、不負責任風氣的始作俑者，或者是一個只會讓步的主管。這樣的焦慮維持了好幾個月。制度開始後，有少部分的員工沒有達到工作目標，所以只好請他們打包走人。不過，最後這個制度，以及其他一些賦予員工權力、自由空間的制度，共同塑造了一個充滿活力、成效且關懷的公司文化。員工不僅沒有濫用這個制度，他們甚至還放假放得不夠多，我還得跳進來提醒大家要記得休息。大家對工作和團隊的投入程度非常高，高到破錶。

我從開放休假制度中學到一件有趣的事情，那就是給予他人空間、信任的同時，我也要有意識地、有紀律地執行最初的協議。當員工沒有達到要求時，該做的還是要做。依賴他人這件事做得好的話，可以達到以下的矛盾效果：**賦予他人自由、權力的同時，也讓賞罰、責任和結果更明確。**

試看看：注意到為什麼你覺得依賴他人很困難。你的問題在哪裡？為什麼依賴他人不易做到？為什麼你對失望、挫折和受傷感到脆弱無助？注意到你對開放、脆弱的抗拒。你身體的哪一部位反映出抗拒？把答案寫在日記裡。

○一起單獨靜坐

以下是谷歌工程師最常問我的正念靜坐問題：「最少要靜坐多久才能看到效果？」我的回答是，大部分的科學研究顯示，每天要靜坐二十分鐘，連續長達八週才算有效。但也有研究指出，不用太長的靜坐時間，就可以看到大腦結構、行為模式的改變。從另外一個角度來看，根據我自己的經驗，一天一次有意識的正念呼吸就能看到效果。

第二個谷歌工程師常問的問題是：「要怎麼做才能維持每天靜坐的習慣？」我的回答是：可以的話，不妨跟他人一起練習，找一個朋友或加入團練。跟他人一起靜坐，就算只是一週一次，也能達到持久的效果。

換句話說，我們連練習靜觀、正念也需依賴他人。這是我二十二歲在舊金山禪修中心第一次做晨間靜觀時學到的教訓。當時我住在距離禪修中心西方幾英里處的舊金山日落區（Sunset District），為了趕上早上五點二十五分的早課，凌晨五點就要開車出門。到了禪修中心之後，我走進靜觀大廳，選擇一個面向牆壁的黑色坐墊坐下。我左手邊是一位身著淡棕色斗篷的女士，她看起來大了我兩輪。早課內容包括兩次的三十分鐘靜坐，中間還穿插了一次十分鐘正念行走。靜觀結束後，大家上樓誦經二十分鐘，我再開車回到日落區的公寓。

隔天清晨，我照樣開車橫跨舊金山的安靜街頭，走進靜觀大廳，坐在同樣的位置上。我左手邊的女士跟昨天一樣，穿著淡棕色的斗篷。隔天的隔天，早上鬧鐘響了之後，我覺得很疲憊，於是腦海浮現乾脆翹課繼續睡的念頭。不過，下一秒我突然想到：穿著淡棕色斗篷的女士可能在等我。帶著一點抗拒的心情，我還是起床去了早課。我抵達時，她已經在現場了。我假設她依賴我的出現，就算只有那麼一點點也好（在我的想像裡），卻幫我維持了靜觀的習慣。就我所知，我也以同樣的方式在幫助她靜觀。

我開始每日靜觀的第一年，一定到舊金山、塔薩加拉山、或綠谷農場禪修中心（舊金山禪修中心由這三個中心構成）參加團體練習，每次的團練人數從四十到八十人不等。根據我所接受的修行，練習靜觀的動機、原理是多層次的，培養個人的內在力量、從自我中找到解脫是其中之一。此外，還有其他兩個動機。我們之所以靜觀，是為了幫助彼此修行。我們的出現、意向有助於他人靜觀。還有，透過靜觀，我們得以培養傾聽的能力、給予他人更深度的回應，讓自己更有能力幫助他人。

換句話說，靜觀、正念不是獨善其身的行為，也無法透過個人的努力完成。同樣的道理可以套用在領導力上。

試看看：如果你覺得很難實踐每日靜觀，不妨每天早上找一個朋友跟你一起練習，面對面或遠距視訊都可以。你也可以參加團體練習，就算是每週一次也沒關係。每週跟他人靜坐一次對維持每日靜觀有很大的幫助。

當他人期待你出現時，你比較容易維持靜觀的習慣。此外，團練提供一個不同於往常的靜觀經驗，可以拓展你靜觀的目的和意向。當然，靜觀是為了自己好，但藉由團練，你會發現靜觀也是扶持他人的方法。我們意識到，自己的意向、現身也會帶動他人的意向、現身。

○領導者創造社群、賦權他人

大家常以為，領導力等於做事，大大小小的事情都要親力親為。這是因為流行文化強化了英雄獨立行動的能力，從詹姆士·龐德（James Bond）、主演《極凍之城（Atomic Blond）》的莎莉·塞隆（Charlize Theron），到蘋果執行長史提夫·賈伯斯（Steve Jobs），無不如此。我在草創松枝之舞、企管禪夥伴這兩間公司時，也以為這樣才對。我極力想親自完成每一件事情。雖然我在禪修中心的廚房待過，但要過了好幾年後，我才培養出經常依賴他人、賦權團隊的自信。一般人普遍認為，領導者必須自立自強，這樣的刻板印象難以抹滅，還可能變成一種壞習慣。這個惡習至今我還在努力戒掉。

幾年前，在很短的時間內，一些朋友和同事接二連三地跟我說，他們想參加每週一次的靜觀團練。他們積極地想培養靜觀的規律習慣，相信加入每週一次的團練將有所助益。我完全同意，於是我在我家米爾谷開了一個靜觀的團體練習，並將其命名為米爾谷禪（Mill Valley Zen）。出於助人為善的好意，我覺得自己有必要親自帶領團練。

於是，我在社區中心借了一間教室，把每週三定為團練日。我先帶領大家靜觀，然後再閒話家常、做團體討論。過了幾個月後，舊成員慢慢不來了，他們的理由很多，像是找到了新工作、展開了一段新的感情或單純變忙了。不過卻多了不少新成員，一個小社群因此誕生。

我有一個全職工作，但還是很認真地帶領團練，每週都會準備分享內容，或從禪學的書裡朗讀幾段話。我還包辦了所有的行政工作，像是支付場地租金、開始前開門、跟大家收取捐款、結束後鎖門等。因為出差而無法出席時，我還會請有經驗的講師代課。

好幾年就這樣過去了，雖然帶團也讓我成長很多，有時卻令人覺得疲倦。七年之後，對我來說，這個團隊好像變成了一個沉重的包袱。有一個週三晚上，我直接宣布說我想休息，給自己放一個很長、很長的假。

幾天之後，我收到一位成員的電子郵件，他提議下週三團練前跟我一起共進晚餐。當天來了八位成員，他們口徑一致表示不接受我的請辭。為了讓我繼續帶團，不再分心於其他瑣事，他們決定要拿走帳本以支付場地費（從每週收取的捐款裡扣除）。他們也拿走了鑰匙，好讓其他人負責開關門。我出差在外時，他們提議自己輪流帶團。他們希望我可以想來就來，專心指導禪學就好。

對於這件事的轉折我感到驚訝、感動和開心。我頓時「靈光乍現」。當初，我不假思索地經營這個團隊，凡事親力親為，卻完全沒意識到自己一直抗拒依賴他人，而這也阻礙了團體的成長。我覺得要自立自強，所以無意間低估了學員的投入程度，落入凡事都自己捲起袖子來做的陋習。某些程度上，我讓恐懼——恐懼他人會讓我失望——妨礙了我交出掌控權。

當天晚上，米爾谷禪的社群正式誕生，從我的團隊，變成我們的團隊。我從張羅大小事，變得依賴他人，這個轉變改變了以上的關係，也扭轉了米爾谷禪的命運。

另一個類似的狀況是我們如何教養小孩、如何以身作則。回顧我兒子、女兒還小的時候，我習慣幫他們做太多，讓他們做太少。當我不再叫小孩起床，要他們自己為自己負責後，他們才真正產生責任感。每天早上做便當等例行公事亦是如此。等到小孩愈來愈大，開始探索世界的時候，我又掉入想要幫他們做事的窠臼裡。因此，我不時提醒自己，在親子關係裡，「要幫他們變得更自給自足」。這句話對我來說幫助很大，讓我明白關懷孩子、幫助他們成長的正確方法。

作為領導者，我到現在還是有獨立作業、幫他人代工的習慣，會忘記要鼓勵互相依賴、協作與責任共享。不過，第六項正念修練的另一項好處是，放下對獨立的「需求」、讓自己依賴他人的同時，我們也賦予他人權力，創造了一個互助社群。

試看看：簡單訪問一下周邊依賴你的人。寫下他人如何依賴你，同時注意並反思你如何依賴他人。

讓自己充分感受你給予和接受過的協助。讓自己感到安全、讓自己依賴他人，並且意識到你的肩膀也曾讓他人靠過。在日記裡，寫下此經驗帶給你的意義和豐盛。沒有人是完美的，有時別人讓你失望，不過，你有時也讓別人難過。這些都不重要。

從現在開始，充分感謝你生命中重要的人際關係，無論這些關係在你生命中扮演什麼角色。

○建立團隊代表了解工作模式

在任何團體、社群裡，尤其是在工作上，了解每個人的強項、弱點和習性很有幫助。儘管每個人的長短處不同，但我們可以使用這些資訊來建立一個強大的團隊，這是團隊合作很重要的一環。

以下練習就從你開始吧，你的領導風格或工作模式是什麼？你知道自己的風格嗎？看看以下四種工作模式，哪一種模式或哪一種組合，最能說明你的風格？當然，我們都具備以下四種能力，且會因不同情境需求而切換，但一般來說，你比較傾向哪一種模式？哪一種是你主要的領導方式？

- **先知者**：你擁有豐富的想像力、充滿許多想法，而且往往是遠大的計畫。你喜歡大家繞著你的遠景走。擁有目標、朝遠景的方向邁進讓你活力充沛。
- **組織者**：你是一個有條不紊的人，喜歡工作過程、建立制度和追蹤工作。負責或參與制度的建立，還有追蹤和組織讓你活力充沛。

- **交際者**：你覺得人很重要，你喜歡跟他人合作、了解他人和幫助他人。跟人群在一起讓你充滿活力，心滿意足。
- **執行者**：你致力把工作做好。你喜歡把待辦清單上的事情一一打勾、完成並開始新的計畫。

一旦你知道自己屬於哪一種領導風格後，試圖在日記裡回答以下問題：

1. 你的角色有何特別、重要之處？
2. 就你的工作與成就而言，有哪一些事是你覺得扮演其他角色的人應該知道的？
3. 你覺得你的角色如何被他人誤解，或者沒有獲得適切的評價？

此練習的重點不在於辨識你的領導風格，而是在於認知到，所有組織都需要以上四種「觀點」才能正常運作。每一個組織都需要這四種不同的觀點，但很少人同時精通、具備這些能力。每一種觀點都有其存在的意義，因此很多公司會指派特定的人來扮演這些角色，有時這些角色會反映在職銜上，有時則是內部的一種非正式期許。先知者想把公司推上更大的舞台，組織者則依賴先知者提供一個他們可以努力的目標。儘管如此，如果沒有制度，就算有先知者領導，公司也會呈現一片混亂。所有的團體都會遇到談判、妥協和合作，所以也需要擅長促進協議、衝突管理的人進來，否則就會一事無成。最後，除了擅長思考、談話和擬定策略的幕僚外，你也需要喜歡親自出面、把問題搞定的人。

試看看：鎖定一個工作上、社區或家庭裡的群組，想想看每個人的工作「風格」，你也可以自己為他們定義一個風格。想一想，這個群組是否「平衡且完整」？每一個必要的角色都有人扮演嗎？可能缺乏哪些能力？

○協作等於了解常規

最近，企業界對正念的興趣大增，其背後理由有很多，主因之一是大家開始認知到成功、創意與協作能力之間存在強烈的正相關。所謂的協作能力是指團隊裡，人與人相互信任扶持的能力。一位谷歌工程師主管曾經告訴我，雖然團隊裡有聰明的人很重要，但更重要的是團隊的互動方式，以及能否彼此信任、用健康的方式解決衝突。相互依賴是一個團隊能否提出解決方案、拿出成果的關鍵。這跟我在禪修中心廚房學到的一樣，正念，也就是覺知力、好奇心和寬大慷慨，是成功協作的主要關鍵。

協作是目前企業界很熱門的字眼。在二〇一六年一月／二月號的《哈佛商業評論（Harvard Business Review）》裡，有一篇以「協作超載」為標題的文章，一開頭就提到以下觀點與數據：

> 協作正在全面席捲職場。隨著企業的國際化且多功能化，穀倉[1]正在瓦解、連結性愈來愈重要，而且團隊合作被視為組織成功的關鍵。根據我們蒐集到過去二十年的統計資料顯示，這段時間裡，主管和員工投入協作活動的時間成長了百分之五十以上。

1. 穀倉（silo）指在大組織下，獨立運作的系統或部門。這種組織架構的好處是專業分工，但壞處是容易讓視野變得狹隘。

證明好領導者的重要性之後，谷歌又隔了幾年，於二〇一二年展開一個新的研究叫做「亞里斯多德計畫（Project Aristotle）」。谷歌想知道，為什麼有些團隊表現不如預期，有些表現平平，有些則異常突出。他們開始研究和蒐集大量資料，目的是想知道，一個完美團隊有哪些特質。在長達一年多的時間裡，他們分析資料、訪談了公司內部一百八十個不同團隊的員工，試圖找出共同模式。

研究團隊一開始感到疑惑不已，因為儘管蒐集了龐大的資料，有助於區分團隊表現的資訊卻少之又少。他們不禁懷疑，自己是否問錯問題了。最後，他們終於在訪談過程中，發現了所謂的合作「常規」。常規指的是包含期待、行為互動標準的協議或潛規則。常規是事實，定義了大家實際上的互動模式，而非理想中的狀況。常規也定義了一個企業的文化，還確立了團隊內部的信任、脆弱與功能。常規因團隊而異，也就是說，每一個團隊會建立自己的常規，這跟公司整體的常規可能又有所差異（多少有些不同）。

在禪修中心的廚房裡，正念主導了常規，因為我們是住在禪寺裡面的寄宿學員。當然，我們在意團隊是否運作良好，能否達成廚房目標、讓每個人感到幸福。以上目標關乎所謂的「當下」和「體現」，像是評估一個人的言語、價值、心靈、肢體語言和行為是否一致、每個人真正付出的關心程度為何、每個人對於反饋的接受程度，還有每個人的脆弱程度。

就現代大部分企業而言，正念通常不會影響公司常規。而這也就是為什麼正念領導力如此重要的原因，透過禪修中心廚房的實例，我們可以協助建立一個正念常規，以增進團隊的協作、互動方式。我們可以利用本書提到的七項正念修練，強化「亞里斯多德計畫」所辨識出來的高績效團隊常規。谷歌的最終研究報告裡提到，正向團隊常規包括以下幾個項目：

心理安全：團隊成員展現高度信任和脆弱。討論時，沒有人主導話題，每個人發言的時間幾乎一樣。團隊成員擁有很高的情緒智商，因為他們擁有閱讀他人臉部表情的能力。

從某個方面來說，所有的正念練習都是培養心理安全的工具。在職場上，這意味著每位團隊成員都擁有相當開放的態度、好奇心，而且勇於展現脆弱的一面。他們的行為也反映了別自以為專家、與自己的痛苦連結，還有與他人的痛苦連結的修練。

架構和明晰：在表現出眾的團隊裡，每位成員的角色、目標很清楚。關於這一點，禪修中心廚房做得很好，我們給予每個人的目標、任務都很明確。每個人都清楚知道個人目標、團隊目標和公司目標為何，這道理看似理所當然，但卻往往不夠受到重視。

依賴：遵從協議，清楚交代截止日期和期望。我在「搜尋內在自我領導力機構」推動開放休假制度的經驗告訴我，若要做到這一點必須把報告、做法和反饋制度化。

意義：對每位成員來說，團隊所做的工作存在著不同的意義。對領導者、團隊成員而言，辨識什麼是有意義的是一個持續的過程，需要不斷地分享抱負、成功和失敗的故事。領導者要致力啟發團隊成員，無論他們做的工作是煮菜或編碼搜尋引擎。這也意味著將個人成長和幸福視為團隊的目標之一。

影響：團隊所做的工作有意義，且具正面的影響力。所謂的影響力有很多層面，像是合作如何改善個人和整體團隊的幸福感、團隊如何影響部門或公司，還有公司如何影響客戶、社會。

試看看：在工作上，你的團隊在以下幾個項目的表現如何：心理安全、架構和明晰、依賴、意義和影響。你們在哪一方面做得比較好、哪一方面差強人意？你和你的團隊需要怎麼調整、改變，才能達到成功協作？

○會議：正念領導力的展現

唉，會議！每一次我提到開會，大家就會開始翻白眼或冒冷汗。每一間我合作過的公司，不論規模大小，員工都不諱言對開會表示厭惡：「太多會議了，我的工作根本做不完！」

我喜歡開會，但前提是計劃好、執行妥當、且對團隊運作不可或缺的會議。會議可以強化工作關係、分享資訊和解決問題。會議裡，團隊討論如何達成目標，規劃和組織有待完成的事項。會議是孕育、體現協作這個正面文化的場域。我在禪修中心廚房的經驗是，在水深火熱的工作中很難展現正念，但會議提供了一個絕佳的時機。當大家懷抱正念開會時，合作的成果也看得見。

改變企業文化最快、最持久的方法就是改變開會的方式。對於這一點，我深信不已，而且我也跟全世界上千位企業家分享過。公司做什麼、賣什麼都不重要，如果想要改善公司文化，改變主管開會的方式才是重點。

或許可以這麼說，會議是唯一所有團隊成員必須參與的活動，且每個人對會議結果都有同等影響力。開會時，團隊聚在一起決定要如何運作、該完成什麼事項，還有評估工作成效。從應用面來說，會議往往是團隊建立常規的場所，正念領導者如果想要營造一個協作、合作和支持性環境，就應該從會議下手，那裡是練習第六項正念修練「依賴他人」的重要道場。

如果開會可以解決原先設定好的問題，那開會就是一個可以達成許多目的的工具。開會前，要做的第一件事情就是釐清會議的種類，會議的目的有很多：

- **團隊建立**：會議焦點在強化連結、建立信任。
- **資訊分享**：透過開會，讓大家知道每個人在做什麼（或做得如何），藉此點出問題和契機。
- **解決問題**：會議的目的是尋找答案，解決特定、持續性的問題。
- **腦力激盪**：會議裡，成員彼此腦力激盪，開啟可能性。
- **計劃協調**：很多會議的目的是協調未來的工作事項，像設定清楚時程表和目標，並指定誰在什麼時候要完成什麼事。
- **相互溝通**：若成員溝通不良或團隊合作出狀況，可藉由開會討論團隊的運作狀或溝通障礙。

當然，一場會議不應以達成以上所有目標為主旨，以上清單只是列舉開會的主要理由。沒有這種心理準備的話，就無法達到每個公司、組織的期望，把工作圓滿完成。每一種會議都要求高度的正念力，也就是所有七項正念修練的整合、練習和體現。

○如何組織一場會議

對我來說，成功的會議通常包含兩大元素：常規和執行。正念領導者的出現、行為舉止和態度皆有助於培育亞里斯多德計畫裡所提到的團隊特質。這些常規，尤其是心理安全，不只是高績效團隊的特徵，也是高效率會議的特色。要是沒有常規，執行就缺乏意義。不過，話又說回來，架構清楚、效率高且目的明確的會議亦有助於常規的建構。如果每個人都認為會議是正面、有成效的話，他們也會帶著正面、有成效的心態前來開會。很顯然地，這樣才是把事情做好的方法。

成功的會議取決於三件事情：事前準備、開會過程和後續追蹤。

事前準備：開會之前，讓自己和他人清楚知道為什麼要開會、會議的種類、誰該出席，還有議程。想要釐清開會目的，一個好方法是先預設結果：在理想的狀況下，會得出什麼會議結果？

然後，你可以參考以上清單，決定會議的種類。這場會議是要建立團隊、腦力激盪，還是解決問題？面對不同狀況，你可以召開不同種類的會議。不要每週都重複同類型的會議（除非對所有人來說是有必要、有說服力且有用的）。我看過很多團隊，每次開會就落入報告個人工作的窠臼。這招有時很管用，但不是每一次都如此，那只不過是一個會議種類、開會的目的而已。

誰該出席、誰不該出席是常被忽略的重點。想要開一場成功的會議，要找到對的人出席，以及出席人數都很重要。還有，開會頻率也不容忽視。請多方嘗試，我看過有些團隊從每週開一次會改成每月一次，也有些團隊發現，應該要提高開會頻率比較好。

最後，另一個常被忽視的關鍵是會議議程。議程是什麼，優先順位是什麼？時間如何分配？這些都要交代清楚。還有，請事先讓出席者知道議程，這樣他們才能有備而來。

開會過程：轉折非常重要，所以開始、結尾都要抓住大家的注意力。可以的話，我建議用沉默開場，靜坐三〇秒或一分鐘就能集中會議室的能量、強化正念。可以的話，我建議設計一個讓大家可以進入狀況的機制，像是讓每個人說說自己在忙什麼（內容跟議程沒有關係），就算是一兩句話也好。

你也可以用類似的方式結束一場會議。會議的開場關乎成功與否，結尾也一樣。我個人喜歡在結束時再次聽聽大家的意見，就算是一句話也無妨。或者，用短暫沉默結束也可以。不妨多方嘗試，找到一個可以強化正念覺知、營造安心感、連結和關懷的簡單儀式，來開始和結束一場會議。

至於會議本身，要確定有人負責引導、把大家拉回正題，這樣會議內容跟議程才能一致。引導者不一定要是領導者，可以是其他成員。技巧性引導意味著正念引導，須注意到團隊的能量、感受和情緒，協調衝突和異議，並確保討論沒有離題。

結束會議時，先總結結論、該完成的事項，再進行到結束儀式。跟大家交代清楚哪些事項已經決定、哪些事項尚待討論，還有誰在哪一天之前要完成什麼事情。

後續追蹤：我建議開設一個群組討論，將該完成的事項、下一步行動列舉出來。這並非整場會議的回顧，所以不是會議紀錄的分享，而是簡單提醒、總結該完成的事情、該由誰負責完成。這很重要，因為會議屬於工作計畫的一部分，且有助於達成整體目標和遠景。

○好的會議體現了正念文化

請多方嘗試與調整，找到一個適合你公司、工作環境或群組的開會模式。會議的準備很花時間，但根據我的經驗，時間花得很值得。好的會議體現了正念文化，可將企業和所有成員帶向成功的道路。

繽特力（Plantronics）是一間位於加州聖塔克魯茲（Santa Cruz）的上市公司，是谷歌之外、首批參加「搜尋內在自我」正念情緒智商訓練課程的公司。上完課後，他們做了一些重大改變，其中之一就是改變開會的方式，而且結果相當正面。

當時，「搜尋內在自我」正念情緒智商訓練課程每週上課一次，連續七週。參與訓練的學員是公司裡的前五十大主管，包括執行長和人資長。在這幾週內，我們成功營造了一個安全、關懷的空間。很多學員反應，雖然跟彼此工作了十幾二十年，卻從未用如此脆弱且開放的態度和彼此交談，因此帶動了一股信任和連結的風氣。

課程的效果立竿見影，也被量化成數字。經過七週的訓練後，公司的會議更能聚焦、更有成效。他們得以在短時間內完成更多事情，因此大幅減少支出。領導階層也反映，員工士氣大增，意味著公司達成了更多目標、改善了工作環境，而很大一部分要歸功於開會方式的改變。當然，不是所有的改變都跟會議有關，但對於正念可以如此大的影響力，我一點也不意外。

試看看：評估一下你公司的開會方式。無論你是什麼職位，你可以如何將正念融入會議，讓會議成效更好？問問自己以下的問題：

每次開會的目的是否清楚？若否，你可以如何協助改善？

所有的會議都是同一類型的嗎？你可以怎麼歸類，讓會議種類和目的吻合一致？

你跟團隊期待開會嗎？若否，怎麼做可以改善大家對會議的期許？

你公司和會議裡的文化、行為常規是什麼？信任、脆弱和快樂程度為何？有什麼障礙？

你要如何將正念導入會議，改善以上缺點？

依賴他人　重點練習

- 身為領導者，請練習專注於指引他人、賦權他人，以及傾聽他人的聲音。
- 注意到你是否拒絕依賴他人、排斥相互依賴。
- 跟他人一起靜坐，以維持規律靜坐的習慣。
- 簡單做一個調查，誰依賴著你？你如何依賴他人？
- 建立一個群組或團隊時，請思考一下你和他人的工作模式，你們是先知者、組織者、交際者，還是執行者。
- 努力培育心理安全、架構和明晰、依賴、意義和影響等正面團隊的常規。
- 必要的話，改變開會的方式，以建構一個充滿正念、協作、合作和支持性的環境。

Part 3

整合

第七項正念修練：簡單行事

旅行者啊，地上本沒有路，路是走出來的。

安東尼奧・馬查多（Antonio Machado）

每次我帶領靜觀訓練，或就七項正念修練進行演講時，只要講到第七項正念修練「簡單行事」，便會感覺到教室的能量在改變。學員們體驗到解脫，彷彿壓在肩頭上的重量消失了。每個人的肩膀自然垂放，達到真正的放鬆。雖然我們渴望且需要練習才能培養領導力、擁有正念和成長茁壯，但我們也有放下一切的原始渴望。我們渴望放下所有的顧慮和執著，無論是對健康、幸福、進步、成就、努力或正念修練的追求不懈。當你放下了，一切就輕鬆了！

每天花一點時間，想像你放下待辦清單、自我計畫和手邊工作的樣子，也把你為他人量身訂製的進步計畫先擱置一旁。雖然要做到很難，但請珍惜這一刻，享受你當下的人生。

練習靜觀時，我們訓練大腦要察覺所有的感受、情感和思緒。另外有一個聽起來有些激進的方法，那就是吐氣時同時放下所有。不要期待吐氣結束後的吸氣，連活著的期待也要放下。做到放下後，每當氣息從鼻孔進入時，你就驚訝不已：原來我活著！

接受「萬事無常」有助於簡化，其實我們做的很多事情都是多餘的，只是讓自己更複雜罷了。簡單行事的關鍵是在做與不做、努力與不努力之間取得平衡。這不是什麼魔術伎倆，也並非什麼古老又神祕的修練。當你在說話或寫字時，只要專注於說話或寫字就好，不要分心於其他事情。你在領導、傾聽、開車、獨自工作或跟他人合作時，在人際關係或日常生活裡，都能培養這種專注於一件事情（不比較、評斷或想著下一件事情）的態度。

第七項正念修練的目標是，就算生活過得再忙碌，也能在每個當下發現重要的事物。我們無法避免挑戰、問題、悲傷或死亡，但當我們深感困惑、喘不過氣來時，可以提醒自己：簡化、簡化、再簡化。簡化生活，讓自己更專注、有空間感且活在當下。唯有這麼做，才能排列事情的優先順序。

○第八十四種煩惱

很久很久以前，在佛陀還在世的時候，有一位煩惱很多的農夫。他聽說佛陀很有智慧，所以決定請求佛陀開示。

他的煩惱多到數不清，像是天氣不是太乾就是太溼，收成始終不理想。他很愛他的太太，但她愛挑毛病且過於精明。他對小孩也有滿腹不滿，因為他們長大後對他不再如往常感激。此外，他的鄰居常常干涉他的生活，散播他的不實謠言。

佛陀看著他說，很遺憾但他幫不上忙。他解釋，「所有人都有八十三種煩惱，這就是人生。當你解決了一種煩惱，另一個就取而代之。佛法無法幫你解決煩惱，但或許可以幫助你面對第八十四種煩惱。」

「第八十四種煩惱，那是什麼煩惱？」農夫問道。

「你不想要煩惱，」佛陀說。

「簡單行事」很重要的一環是訓練身心，以放下對現實的抗拒、對改變的追求。佛陀沒有對農夫說他沒有煩惱，因為每個人都有煩惱。事實上，根據佛陀的說法，每個人都有八十三種煩惱，不多也不少。煩惱是身為人的一部分、人性的共有特質。佛陀對農夫說，他不是世上唯一有煩惱的人，他追求的境界無人能達到。這就是第八十四種煩惱，也是佛陀唯一可以幫得上忙的。

佛法說，只要放下想斬斷煩惱的念頭，你和煩惱都會蛻變，煩惱再也不是你認為的煩惱。煩惱伴隨著人生，讓人生變得更豐盛、有質感。你可以作主的是，改變既有態度、直接面對問題，不帶任何評斷或反抗。你能這麼做的話，比較能面對、轉化迎面而來的所有難題。大家都想提高工作效率，改善與伴侶和小孩的溝通，並且擁有更圓滿的人際關係。不過，以上工作永無止境，沒有結束的一天，況且成功並不會讓煩惱變少。藉由第七項正念修練，我們透過方法和態度來簡化人生，就這麼簡單。

試看看：練習提升你的接受度。這不代表你在忽視痛苦、煩惱和困難。這只是意味著在現階段，你完完全全地接受，放棄做任何改變。那要怎麼練習呢？試想一個你現在正面臨的困境，用以下三步驟來應對。

1. **面對困難**——直接面對，毫無逃避。
2. **完全接受**——讓自己看到並感受困境所伴隨的痛苦。接受需要勇氣，正念練習可以幫得上忙。
3. **放下責難**——不要責備自己和他人。

○放鬆的同時也保持警覺

教授靜坐時，我給學員的第一個指示通常是，「找一個你感到放鬆、同時也能保持警覺的坐姿。」接著，我會補充說，「這個練習、存在方式，不是為了靜坐而做的前置準備。讓身心同時放鬆和警覺是靜坐的基礎。」

以上是運動員拚命想達到的境界，無論是在棒球投球、在重要賽事裡打高爾夫球，或在網球賽中發球都一樣，上場時，你要儘量做到放鬆與警覺。這也是我在開員工會議、發表主題演講時，給自己的期許。我想要保持自在、開放和放鬆，也想同時擁有覺察、覺知的能力，才能臨危不亂。太放鬆的話，我可能會失去警覺心或昏昏欲睡；警覺心太高的話，我可能會反應過度、太緊張或無法專注於當下。

試看看：現在練習同時放鬆和保持警覺。放鬆時，將注意力放在呼吸上。深深吸一口氣，慢慢吐出來。警覺時，將注意力放在身體上，打開肩膀、微微彎曲背脊。隨時想到就能練習。

○靜觀：放下多餘的努力

上靜觀課時，當大家進入放鬆又警覺的狀態後，我會請大家完完全全地放下。放下努力、不必要的努力，只要注意接下來發生什麼事情就好。這是所有七項正念修練裡的重點之一：**注意到且放下多餘的努力，不再抗拒煩惱或努力改變，全盤接受你的人生**。

想像一下，如果你跟煩惱的關係改變、如果你可以完全接受、與煩惱和平共處，你的人生會有何不同？以下靜觀有助你了解和面對第八十四種煩惱，也就是不想有煩惱的煩惱。

首先，注意到你正在呼吸。只要專注於呼吸就好，注意到鼻息的進出。吐氣時，注意到你正在吐氣，看看你是否能把所有的煩惱一起放下。

只要注意呼吸。吸氣、吐氣。

再來，做一個深深的吐氣，然後放下：**放下你的「待辦清單」、未完成的計畫、缺乏或需要改善、完成的事情。放下所有你的自助計畫。對於很多人來說，更困難的是放下你幫他人量身訂製的進步計畫。放下思考多餘、不必要的事，也不要採取行動。**

想像一下，欣賞煩惱、放下抗拒煩惱的感覺如何？

接下來，吸氣時，找回所有的煩惱、清單和煩惱。吐氣時再把它們全部放下。

只要你舒服，持續練習多久都沒關係。結束時，再把注意力拉回當下，回到現實生活。

○不要瞎忙——專注、投入和空間感

「你跟我們一樣忙嗎？」

有一次我跟一位科技公司女主管用 Skype 開會時，她這麼問我。我當時正在跟她介紹「搜尋內在自我領導力機構」，我大可以馬上回說「對」，但我沒有。我說，「我們不忙。我們工作時專注、投入，也有空間感。」

我本意只不過是想賣弄一點幽默，說完後，我們倆都笑了。我當然是忙得不可開交，但我對忙碌非常反感。接下來，我們就彼此想要的合作方式交換了意見。要隨波逐流，陷入忙碌中再簡單不過了。手邊有忙不完的事情是一回事，想必大家都有經驗，但對我來說，忙碌代表自己被困在複雜之中，看不清楚什麼才是最重要的事情。忙碌不過是盲目地追求。對我來說，忙碌的解藥是隨時提醒自己要心存正念，還有練習專注、投入和空間感。

這是什麼意思？

專注：看見最重要的事情、真相和創意落差，並且把注意力放在這些地方。不斷回到最簡單，也是最難的問題：什麼對你來說最重要？這通電話的主要目的是什麼，今天、這週必須完成哪些事情？

投入：這代表你投入的能量和注意力。不論做什麼事都要全心全意地投入，直到新的工作開始為止。一般來說，我可以專注在一件事情上四十五到九十分鐘，接著就要短暫休息五到十分鐘再繼續。工作時，投入你所有的能量，結束後再完全放鬆。

空間感：這代表將注意力從你身上轉移到周圍的空間，無論你身在何處。同時也注意到壓力，但不要感到壓力。知道壓力、緊張和恐懼會隨時出現，當它們出現時，請學習放下。研究顯示，壓力和忙碌不是真正的問題所在，癥結在於我們如何看待壓力。一份研究指出，比起那些覺得壓力是不好、能逃就逃的人，認為壓力必然發生且以正面態度面對的人，相對比較幸福。再者，認為壓力是好的人，活得比生活沒有壓力的人來得久。

試看看：注意到你身體的哪一個部位感到僵硬、被壓迫。注意、放鬆並舒緩那些部位。注意到你周圍空間的大小。我們常常因為忙碌而看不到空間，我們的眼裡只有人和東西，卻忽略了人與物之間的空間。練習看看，注意到現在你所處的空間大小，往上看、往左看、往右看，到處都是空間。然後把注意力拉回來，問自己，對你來說最重要的事情是什麼。

簡單行事不代表逃避壓力或成就較少。很多證據顯示，當我們專注、投入和有空間感時，反而可以活得更健康、擁有更多成就。

○制定例行工作以簡化決定

小孩喜歡例行工作，大人也一樣。例行工作讓我們不用再為決策和選擇而煩心，尤其是當例行工作跟重要的事情一致時。

我很喜歡也依賴我的晨間行程，還有整天大大小小的例行工作。我每天早上五點半起床，梳洗後練習輕瑜伽，然後再做二十分鐘的正念靜坐。六點半到七點是閱讀時間，翻閱紐約時報前，我習慣先閱讀一本書。七點是我的早餐時間。午餐後，我通常午睡十五到二十分鐘，地點通常是車上，但若情況不允許，我會找一個安靜的偏僻場所歇息。傍晚時分，我會慢走三十到六十分鐘。在情況允許的狀況下，我會到舊金山北邊太平洋沿岸的山丘散步，但平時都在我家米爾谷的街上慢走。晚上十點半上床後，我會閱讀到十一點再睡覺。

每當有人跟我說，他們覺得建立靜坐習慣很困難時，我建議他們將靜坐視為跟刷牙一樣的例行工作。我們每天早上不用決定是否要刷牙，所以也不用決定每天早上是否要靜坐。就是這麼簡單。

現在想一想，你的例行工作是什麼？有沒有哪些不錯的例行工作可以帶入你的生活？

參加靜觀營：給自己放一個長假

定期參加正念靜觀營是讓生活更簡單的方法之一。有什麼比靜靜地坐著好幾天，什麼也不做還要簡單？這就是簡單行事的核心概念。

如果你尚未參加過五到七天的正念靜觀營，我強烈建議你試看看。我知道要請這麼多假不容易，不是每個人都能做到。不過，如果你曾經參加過，請儘量每年參加一次。

我的理想是每月參加一次半天或全天的靜觀營，每年參加一次五到七天的營隊。除了正念靜觀營之外，還有很多營隊可選擇，像是瑜伽營、行走營或野外露營，可以一人成行也能跟團。參加營隊的重點是走出忙碌的日常生活，擠出時間來簡化一切。營隊結束後，再將簡化整合到你的日常生活裡。

重要的事情只有一個

幾年前，我參加了長達一週的「領導力藝術」訓練課程，講師是羅伯・加斯（Robert Gass）。羅伯站在二十位社會責任企業執行長前，他的身旁放了一個很大的翻頁書寫板，上面掛著一張白紙。他問大家，「人生中，有什麼是我們不能選擇的？我們應該怎麼做？」一開始，我跟其他人都感到很錯愕，不知道這個練習的目的為何。有人回答「吃」，然後羅伯馬上把「吃」寫在白紙上。有人說「工作」。羅伯解釋說，要不要工作是可以選擇的，如果你住在加拿大（這堂課在加拿大舉行）或美國（還有世界各地），你不工作還是有錢拿，生活仍過得下去。因此，工作是可以選擇的。這個練習要我們看清楚一個重點，那就是幾乎我們做的所有事情都是選擇。一旦我們知道人生中可以選擇的事情比想像中多之後，接下來的工作就是排序優先順位。

格雷格．麥克恩（Greg McKeown）在《基本主義（Essentialism）》裡提到，「優先（priority）」這個單字出現於十五世紀的英文裡。優先意味著第一件事情或主要的事情，而且是單數。五百年後，到了二十世紀，這個字卻變成了複數。麥克恩說，「很荒謬的是，我們以為改變一個字就能改變事實。因此，現在同時出現很多第一件事情也不算錯了。」

事實上，我們每個當下都要決定什麼事情是排在第一順位，而且我們擁有作主的權力。雖然這個道理大家都知道，不過，請花一點時間消化，因為很容易忘記。每一個當下你都在做有力的選擇，決定如何適切地回應、如何分配你的時間、精力和專注力。如果你不幫自己的人生排序優先順位，自然有人會幫你排。

我拿到企管碩士學位後的第一份工作是在舊金山的一間小型回收紙經銷商工作，公司的名字叫護樹紙業公司（Conservatree Paper Company）。當時，我的兩個小孩年紀還小，所以每天無法跟他們分開太久。然而，深夜加班是這家公司的常規或潛規則。開始工作幾個禮拜後，我做了一個決定，我跟老闆說，我每天要五點下班，才趕得上跟家人共進晚餐。我對於自己提出這樣的要求感到緊張不安，因為我正在告訴雇主，對我來說你不是永遠的第一順位。不過，我發現，我這麼做卻得到了公司的尊重。從此之後，五點下班再也不是問題。

你只有一個事業

我在企業界工作，所以常常有人要我給他們一些職涯建議。我很訝異，原來這麼多人都在工作上面臨轉折。幾乎每個人都受到科技進步、經濟動盪的衝擊，職場上事多資源少、員工被要求二十四小時待命、工作內容愈來愈複雜、速度愈來愈快，而且跨國遠距工作似乎已成為常態。以上每一個特質都增加了工作的複雜性，所有特質加總在一起就成了巨大的挑戰。再加上「苦樂交融」的私生活，想要與他人建立平靜、有意義的關係，並維持身心健康，真的不容易。

我的建議是，不妨從另一個方向來思考你的事業本質。我認為，所有人都只有一個事業，那就是結合了工作、人際關係，以及所有生活面向的事業。這個事業叫做「正念人生」。

這個事業的兩大目標是：**培養覺知**、**幫助他人**，而所有的其他活動都應該以這兩大目標為中心。這是化繁為簡的有效方法，要做到不容易，但道理卻簡單到不行。如果生活裡所有的活動都圍繞著正念事業，你的人生會變得如何？或許你會發現，忙碌和複雜大幅減少。複雜不會消失，因為你、人生跟工作都很複雜。活動不會不見，因為你仍需要同時處理許多需求、渴望，並排列優先順序。不過，培養覺知、幫助他人卻如此簡單。

培養覺知是正念的基礎。**覺知意味著在千變萬化的動態中不時停下腳步。注意到你的呼吸，覺知到身體、感情、直覺和心靈。有時專注、有時往外看、不時掃描，保持好奇心**。常常問自己，最重要的是什麼？

幫助他人就是領導力的展現，這意味著注意到團體、家庭、公司或社群的需求，也意味著注意到他人什麼時候需要幫忙，並試圖提供協助。**幫助他人代表培養同理**

聽力、對他人的經驗抱持開放態度，還有想辦法為他人服務。領導者常常問我能為他人做什麼？

想要簡化，請先呼吸三次

當你想要化繁為簡、釐清什麼是最重要的事時，請試試看以下的練習。

- 第一次呼吸時，注意到你的身體。只要注意到肩膀、背部和肚子出現什麼狀況就好。
- 第二次呼吸，注意到你的情感。只要注意到你當下的情感就好。
- 第三次呼吸，問自己：當下最重要的事情是什麼？

三次呼吸，一個身、一個心、一個靈。

很簡單。

這就是簡單行事。

簡單行事　重點練習

- 每天只要花幾分鐘就好，練習放下你的待辦清單、計畫和手邊工作。
- 練習提升你的接受度。練習面對困難、接受困難且放下責難。
- 不論做什麼事，放鬆的同時也要保持警覺。
- 透過靜觀，練習放下多餘的努力。
- 專注、投入和空間感是忙碌的解方。
- 注意到你的例行工作，加入可以強化正念的活動。
- 定期參加靜觀營。
- 注意到你只有一個事業，那就是培養覺知、幫助他人。
- 隨時利用三次呼吸的練習來化繁為簡，注意到身體、呼吸，以及最重要的事情。

後記

正念幫助我們在這混亂不堪的世界保持理性

我一直認為，我們急需一種新語言……一種心靈層面的語言……一種前所未有的詩歌，指引我們朝正確的方向前進……我深信，若要創造這種語言，就要學會穿越一面像《愛麗絲夢遊仙境》裡的鏡子，找到另一種視野，了解自己原來也是萬物中的一份子……如此一來，馬上就能頓悟。

安卓．葛列格里（Andre Gregory）《我與安卓的晚餐（My Dinner with Andre）》

詩人兼作家大衛・懷特（David Whyte）說，有一次他在公眾場合朗讀詩歌時，一位企業家跑來問他，能否聘他到公司讀詩給大家聽。直到這件事情發生為止，大衛一直把自己定義為不知變通的古板詩人和作家，因此他反問，「我幹嘛那麼做？」男士回答，「我的公司需要你的字彙與字裡行間的養分，它們鼓舞人心，有助我們跳脫平凡，變得壯大。」這位男士是波音公司的資深主管。

根據我在谷歌開課，以及對世界各地企業、個人講授正念的經驗，大家都迫切想了解、培養宏偉的人性、開放的心胸與無窮的靈感，這不只是在職場而已，在人生所有面向亦然。正念就是最有效的解方，可以讓人看得更清澈，幫助我們了解意識的神奇之處，明白生命即奇蹟。正念能翻轉我們對意識、存在的根本認識。此轉變並非透過外求，如注入新信仰或尋找新啟發，而是經由揭示一個更真切的觀點，以剖析事實、人性，還有我們如何建構、限縮自己和世界。

正念的目的在於理解、扭轉我們對恐懼不滿，還有悲歡離合的根本看法。練習正念讓我們發現，原來非凡即平凡、生命乏味卻也處處充滿奇蹟。

學會正念領導力不容易、做人也很難，這是為什麼？為什麼我們非要投入大量的專注力與精力，才能領悟活在當下、覺醒且生命有限的道理？也才願意把重心放在自己、當下，還有顯而易見的重要事物上？

寫到這裡，我不禁回想到我那幾位摯友，也就是本書裡擔當隱喻重角的三隻猩猩。牠們代表人類身心靈的演化，以及對安全、滿足和連結的原始需求。人類演化的目的並非要看透徹，而是存活下來傳遞基因。要成為正念領導者就必須付出努力，因為你要放下已建構的現實，拋棄不適用於我們、團體和家庭的種種規範。想活得清楚有深度，人生要充滿正念、圓滿和溫暖，就需要反覆練習。

努力成為正念領導者、力行七大法則，這兩者皆有助安撫緊張猩猩的戒慎恐懼（掃描威脅是牠的惡習），可以滿足貪得無厭的想像猩猩，並說服同情猩猩人與人的關係超乎想像的緊密，永不分離。練習正念意味著，我們要在一個看似混亂不堪的世界裡保持理智。正念在這個看似冷漠刻薄、憤世嫉俗的世間，呼喚著人類與生俱來的真誠與信任。

至於為何正念領導力得來不易，卻必不可缺，容我再回來談談痛苦與可能性。所謂的痛苦是指無常之痛、得不到與不想要的痛苦。與其一味地滿足慾望（雖然這仍可能發生），我們可透過開放、不設限的態度，來挑戰自己與慾望之間的關係。離苦得樂全來自徹底接受事實、覺醒的力量。真正的自由，在於內心的無拘無束，這是正念與正念領導力的核心概念。

曹洞宗的始祖洞山良价曾於六世紀說，「人人都想從無常中解脫。」時間、變化並非我們用常理所能理解的東西。你不是唯一抗拒改變的人，面對問題、接受現實確實需要勇氣。當你完全活在當下、深入體驗、減少抵抗時，觀察一下有什麼變化。當內心出現排斥時，這就是一個很好的契機！留意這份抗拒感，它是很好的人生導師。

在同一段話裡，洞山良价又說，「當我們停止削足適履，就能找回原始的感動。」不再勉強遷就，不再保留退縮，這會是怎麼樣的人生？不妨靜坐下來，放鬆身心且保持警覺，覺察內心深處的溫暖，並感受來自內在、四周永不止息的熱情。

致謝辭

第六章的主題是依賴他人，而本書之所以能順利出版，靠的正是許多貴人的相助。回顧來時路，我在塔薩加拉山禪修中心廚房工作、在谷歌開課，也擔任「搜尋內在自我領導力機構」的執行長，這些工作經歷、人生經驗皆濃縮於本書呈現。

首先，我要感謝塔薩加拉山禪修中心廚房裡的朋友。加入廚房的第一年夏天，我擔任洗碗工，當時的主廚史提夫．溫特勞布（Steve Weintraub）對我關懷備至，不吝賜教。到了第一年冬天，主廚丹娜．丹汀（Dana Dantine）邀請我轉到內場，並接下夏季烘培的任務。再過了幾年，我晉升為主廚助理時，提亞．史特羅齊爾(Teah Strozer) 幫我瞻前顧後，確保廚房順利運作。隔年，我成為主廚後，吉爾．佛郎斯戴爾（Gil Fronsdale）是我眼中的得力助手。在廚房工作期間，我從梅格．亞歷山大（Meg Alexander）、克里斯．福廷（Chris Fortin）、理查．賈菲（Richard Jaffe）、麥可．格爾豐德（Michael Gelfond）、卡琳．喬汀（Karin Gjordin）、安妮．薩默維爾（Annie Sommerville）等人身上學到很多，也跟大家一起烹飪、烘培與練習正念。

非常感謝麥可‧狄克森（Mike Dixon），你帶領我進入谷歌，但你肯定想像不到你為我打開了一扇充滿機會的大門。還要謝謝陳一鳴（Chade-Meng Tan）在「搜尋內在自我」團隊草創階段，就大力邀我加入。感謝多莉絲‧貝爾納多（Dolores Bernardo）、赫曼特‧巴諾（Hemant Bhanoo）、比爾‧杜安（Bill Duane）、馬利歐‧加拉雷特（Mario Galarreta）、珍妮‧李肯（Jenny Lykken）、凱倫‧梅伊（Karen May）、凡‧里沛爾（Van Riper）、露西卡‧西格里（Ruchika Sikri）、彼得‧溫（Peter Weng）等許多谷歌夥伴的支持。飛利浦‧戈丁（Philippe Goldin），你的指導讓我受用無窮。

此外，我也要向「搜尋內在自我領導力機構」的同事致謝，尤其是彼得‧博南諾（Peter Bonanno）、羅莉‧卡麥倫（Laurie Cameron）、馬克‧柯爾曼（Mark Coleman）、琳達‧柯蒂斯（Linda Curtis）、里克‧艾克勒（Rick Echler）、伊拉娜‧羅賓斯‧葛斯（Ilana Robbins Gross）、喬蒂斯‧哈利斯（Judith Harris）、卡羅‧哈特（Caro Hart）、琳賽‧庫格爾（Lindsey Kugel）、梅格‧利維（Meg Levie）、妮娜‧萊維特（Nina Levit）、蜜雪兒‧馬當納多（Michelle Maldonado）、賽

門・莫耶斯（Simon Moyes）、亞歷克斯・莫伊爾（Alex Moyle）、泰勒・彼得森（Tyler Peterson）、強森・斯博爾多尼（Jason Sbordone）、羅麗・施萬貝克（Lori Schwanbeck）、史蒂芬妮・史登（Stephanie Stern）、布萊登・萊能斯（Brandon Rennels）和雷吉娜・札薩金斯基（Regina Zasadzinski）。當然，整個「搜尋內在自我領導力機構」社群亦是我要感謝的對象。

謝謝我的好友兼佛學導師諾曼・費雪（Norman Fisher），感謝你的創意與智慧，感謝你提出這七項修練。還要謝謝另一位啟發我的老師麥可・維格（Michael Wenger），以及摯友保羅・哈勒（Paul Haller）。

感謝社會創投網同儕小組（Social Venture Network Peer Circle）不斷在領導力方面給予我支持，謝謝裘蒂・柯恩（Judi Cohen）、杰・哈里斯（Jay Harris）、艾略特・哈夫曼（Elliot Hoffman）、亞倫・萊慕斯汀（Aaron Lamstein）、大衛・李文佛（David Leventhal）、賈里德・李文（Jared Levy）和吉兒・波特曼（Jill Portman）。

感謝我的老禪友馬克・亞歷山大（Marc Alexander）、布魯斯・福登（Bruce Fortin）、麥可・格爾豐德（Michael Gelfond）、里克・萊文（Rick Levine）、肯・

索耶（Ken Sawyer）、彼得・凡德斯特雷（Peter Van der Sterre）和史帝夫・溫特勞布（Steve Weintraub），你們的支持讓我得以持之以恆，練習不中斷。

感謝米爾谷禪「領導團隊」裡的裘蒂斯・詹姆斯（Judith James）、凱倫・朗（Karen Lang）、羅蕾塔・勞瑞（Loretta Lowrey）、大衛・麥斯威爾（David Maxwell）和達娜・歐巴麥爾（Dharma Obermaier），謝謝你們讓一切運作順暢。

此外，我也要感謝以下朋友不吝與我分享他們對領導力、人生的見解：米奇・安東尼（Mitch Anthony）、狄波拉・柏曼（Deborah Berman）、馬丁・柏曼（Martin Berman）、黛布拉・唐恩（Debra Dunn）、丹尼爾・艾倫伯格（Daniel Ellenberg）、布魯斯・費德曼（Bruce Feldman）、羅莉・哈瑙（Lori Hanau）、里克・漢森（Rick Hanson）、羅杰・豪斯登（Roger Housden）、克雷格・李特曼（Craig Litman）、賈姬・麥克格拉斯（Jackie McGrath）、狄波拉・尼爾森（Deborah Nelson）、丹・席格爾（Dan Siegel）、露欣達・萊斯（Lucinda Rhys）、彼得・史塔格茲（Peter Strugatz）和大衛・勇恩（David Yeung）。

本書的寫作過程歷經許多轉折，感謝新世界圖書館的傑森・嘉德納（Jason

Gardner）總是如此信任我。

感謝珍妮佛・福特尼克(Jennifer Futernick)的協助，讓我得以完成本書的骨架。

感謝以下朋友給我的書面回饋：克莉絲塔・德卡斯提拉（Krista de Castella）、羅賓・莫里斯（Robyn Morris）、羅傑・艾斯里森（Roger Asleson）、杰・哈里斯（Jay Harris）、凡妮莎・米德（Vanessa Meade）、緹娜・德薩爾沃（Tina de Salvo）和凱莉・沃爾納（Kelly Werner）。

感謝本書編輯兼善解人意的夥伴傑夫・坎貝爾（Jeff Campbell），謝謝你一路來的督促、鼓勵與指引。

特別謝謝我太太莉（Lee），感謝妳一直以來全心全意的付出，謝謝妳的愛、忠誠和支持。感謝我的小孩傑森（Jason）和凱羅（Carol），你們讓我的生命豐富有意義，提醒我要永保赤子之心。

最後，我要向爸爸羅夫（Ralph）、媽媽碧翠絲（Beatrice）致上最高謝意，謝謝你們無條件的愛。

備注

導言

P.25, 日本禪學始祖道元在《典座教訓》裡即要求主廚工作時：Kazuaki Tanahashi, ed., Moon in a Dewdrop: Writings of Zen Master Dogen (New York: North Point Press, 1985).

P.41, 他在「十億元的錯誤（The Billion-Dollar Mistake）」的章節裡：Daniel Goleman, Working with Emotional Intelligence (New York: Bantam Books, 1998), 235.

第一項正念修練：熱愛工作

P.59,《模範領導（The Leadership Challenge）》是一本暢銷又經典的領導力手冊：James Kouzes and Barry Posner, The Leadership Challenge (San Francisco: Jossey-Bass, 2012), 345.

P.65, 布里塔・赫策爾（Britta Holzel）、莎拉・拉札爾（Sara Lazar）等人在二〇一一年所發表的「正念靜觀如何運作？」：Britta Holzel et al., "How Does

Mindfulness Work? Proposing Mechanisms of Action from a Conceptual and Neural Perspective," Perspectives on Psychological Science 6, no. 6 (October 14, 2011), doi:10.1177/1745691611419671.

P.79, 他在《平靜的心，專注的大腦（Altered Traits）》一書裡，與共同作者丹尼爾・高曼（Daniel Goleman）提到：Daniel Goleman and Richard Davidson, Altered Traits: Science Reveals How Meditation Changes Your Mind, Brain, and Body (New York: Avery, 2017), 123.

第二項正念修練：身體力行

P.87, 日本禪學大師道元曾於十三世紀如此解釋靜觀練習：Norman Waddell and Masao Abe, trans., The Heart of Dogen's Shobogenzo (Albany: State University of New York Press, 2002).

P.98, 麻省理工學院資深講師奧圖・夏默（Otto Scharmer）著有《U 型理論精要（Leading from the Emerging Future）》：Otto Scharmer and Katrin Kaufer, Leading from the Emerging Future (San Francisco: Berrett-Koehler, 2013).

P.101, 朱利安娜・布瑞內斯（Juliana Breines）和塞雷娜・陳（Serena Chen）做了一系列研究：Juliana Breines and Serena Chen, "Self-Compassion Increases Self-Improvement Motivation," Personality and Social Psychology Bulletin 38, no. 9 (May 29, 2012), doi:10.1177/0146167212445599.

第三項正念修練：別自以為專家

P.127, 根據有些心理學研究，我們的行為只有10%是在有意識下發生的：Timothy Wilson, Strangers to Ourselves: Discovering the Adaptive Unconscious (Cambridge, MA: Belknap Press of Harvard University Press, 2004).

P.127, 此機械化過程跟神經有關：H. H. Yin and B. J. Knowlton, "The Role of the Basal Ganglia in Habit Formation," Nature Reviews Neuroscience 7, no. 6 (June 2006): 464-76, doi:10.1038/nrn1919.

P.127, 以下是馬薩諸塞大學醫學院研究主任賈斯汀・布魯爾（Justin Brewer）發表的研究摘要：Justin Brewer et al., "Meditation Experience Is Associated with Differences in Default Mode Network Activity and Connectivity," Proceedings of the National Association of Science 108, no. 50 (November 22, 2011), doi:10.1073/pnas.1112029108.

P.129, 有兩種自我，一種是活在當下的經驗自我：Daniel Kahneman, Thinking, Fast and Slow (New York: Farrar, Straus and Giroux, 2011), 408-9.

P.131, 我無法體驗你的體驗：R. D. Laing, The Politics of Experience (New York: Ballantine Books, 1971).

第四項正念修練：與自己的痛苦連結

P.146, 在西方世界，羅馬帝國第一任皇帝：Marcus Aurelius, Meditations (Mineola, NY: Dover Publications, 1997).

第五項正念修練：與他人的痛苦連結

P.166, 有些證據也指出，領導力與同理心成反比：Lou Solomon, "Becoming Powerful Makes You Less Empathetic," Harvard Business Review, April 21, 2015.

P.167, 約翰・高特曼（John Gottman）博士長期研究夫妻在一起或分開的原因：Ellie Lisitsa, "The Four Horsemen: The Antidotes," Gottman Institute, April 26, 2013, https://www.gottman.com/blog/the-four-horsemen-the-antidotes

P.181, 影片裡，一位年輕女性在美國籃球協會（NBA）賽事開始前高唱美國國歌《星條旗之歌（The Star-Spangled Banner）》："MO Cheeks National Anthem," YouTube, posted August 8, 2006, https://www.youtube.com/watch?v=q4880PJn02E

第六項正念修練：依賴他人

P.187, 因此在二〇〇八年啟動了一個叫做「谷歌氧氣計畫（Google Oxygen）」的研究：Melissa Harrell and Lauren Barbato, "Great Managers Still Matter: The Evolution of Google's Project Oxygen," re:Work, February 27, 2018, https://rework.withgoogle.com/blog/the-evolution-of-project-oxygen

P.205, 在二〇一六年一月／二月號的《哈佛商業評論（Harvard Business Review）》裡：Rob Cross, Reb Rebele, and Adam Grant, "Collaborative Overload," Harvard Business Review (January/ February 2016).

P.206, 谷歌又隔了幾年，於二〇一二年展開一個新的研究叫做「亞理斯多德計畫（Project Aristotle）」："Guide: Understand Team effectiveness", https://rework.withgoogle.com/guides/understanding-team-effectiveness/steps/introduction/

第七項正念修練：簡單行事

P.228, 一份研究指出，比起那些覺得壓力是不好、能逃就逃的人，認為壓力必然發生且以正面態度面對的人，相對比較幸福：Kelly McGonigal, The Upside of Stress (New York: Avery, 2015).

P.231, 格雷格・麥克恩（Greg McKeown）在《基本主義（Essentialism）》裡提到：The Disciplined Pursuit of Less (New York: Crown Business, 2014).

後記

P.237, 詩人兼作家大衛・懷特（David Whyte）說，有一次他在公眾場合朗讀詩歌時：David Whyte, Clear Mind, Wild Heart: Finding Courage and Clarity through Poetry, Sounds True, 2002, CD.

P.239, 曹洞宗的始祖洞山良价曾於六世紀說，「人人都想從無常中解脫。」：This verse by Dongshan is quoted from John Tarrant, "Method of Decision," KALPA, July 6, 2017, https://www.pacificzen.org/library/method-of-decision

推薦書目

下列書籍，是我經常推薦給朋友和客戶的書單，包含領導力、正念、科學、人文科學、偶爾會出現幾本小說，這書單提醒我們身為人類、以及生活在這個世界上的意義。

* Burdick, Alan. *Why Time Flies: A Mostly Scientific Investigation*. New York: Simon & Schuster, 2017.

* D'Ansembourg, Thomas. *Being Genuine: Stop Being Nice, Start Being Real*. Encinitas, CA: PuddleDancer Press, 2007.

* Goleman, Daniel, and Richard Davidson. *Altered Traits: Science Reveals How Meditation Changes Your Mind, Brain, and Body*. New York: Avery, 2017.

* Hanson, Rick, and Forrest Hanson. *Resilient: How to Grow an Unshakable Core of Calm, Strength, and Happiness*. New York: Harmony, 2018.

* Harari, Yuval Noah. *Sapiens: A Brief History of Humankind*. New York: Harper Collins, 2015.

* ______. *Homo Deus: A Brief History of Tomorrow*. New York: HarperCollins, 2017.

* Hougaard, Rasmus, and Jacqueline Carter. *The Mind of the Leader: How to Lead Yourself; Your People, and Your Organization for Extraordinary Results*. Boston: Harvard Business Review Press, 2018.

* Kahane, Adam. *Power and Love: A Theory and Practice of Social Change*. San Francisco: Berrett-Koehler Publishers, 2010.

* Kahneman, Daniel. *Thinking Fast and Slow*. New York: Farrar, Straus and Giroux, 2011.

* McCullough, David. *The Wright Brothers*. New York: Simon & Schuster, 2015.

* Ostaseski, Frank. *The Five Invitations: Discovering What Death Can Teach Us About Living Fully*. New York: Flatiron Books, 2017.

* Ozeki, Ruth. *A Tale for the Time Being: A Novel*. New York: Penguin Books, 2013.

* Pinker, Steven. *Enlightenment Now: The Case for Reason, Science, Humanism, and Progress*. New York: Viking, 2018.

* Pollan, Michael. *How To Change Your Mind: What the New Science of Psychedelics*

Teaches Us About Consciousness, Dying, Addiction, Depression, and Transcendence. New York: Penguin Press, 2018.

* Siegel, Daniel. *Aware: The Science and Practice of Presence*. New York: TarcherPerigee, 2018.

* Sinek, Simon. *Leaders Eat Last: Why Some Teams Pull Together and Others Don't*. New York: Portfolio/Penguin, 2014.

* Senge, Peter. *The Fifth Discipline: The Art & Practice of the Learning Organization*. New York: Currency/Doubleday, 1990.

* Suzuki, Shunryu. *Zen Mind, Beginner's Mind: Informal Talks on Zen Meditation and Practice*. Boston: Shambhala, 2006.

* Van der Kolk, Bessel. *The Body Keeps the Score: Brain, Mind, and Body in the Healing of Trauma*. New York: Penguin Books, 2015.

* Wright, Robert. *Why Buddhism Is True: The Science and philosophy of Meditation and Enlightenment*. New York: Simon & Schuster, 2017.

優生活 17

靜下來工作

一位禪師與 Google 團隊共同開發的七項覺知練習

SEVEN PRACTICES OF A MINDFUL LEADER

作　　　　者／馬克・雷瑟（Marc Lesser）
譯　　　　者／劉碩雅
特約資深責任編輯／汪永佳
協　作　編　輯／陳美宮
封　面　設　計／朱則安
排　版　設　計／申朗創意

發　　行　　人／殷允芃
總　　經　　理／梁曉華
總　　編　　輯／林芝安
出　　版　　者／天下生活出版股份有限公司
地　　　　　址／台北市 104 南京東路二段 139 號 11 樓
讀　者　服　務／（02）2662-0332　　傳真／（02）2662-6048
劃　撥　帳　號／19239621 天下生活出版股份有限公司
法　律　顧　問／台英國際商務法律事務所・羅明通律師
總　　經　　銷／大和圖書有限公司　　電話／（02）8990-2588
出　版　日　期／2020 年 3 月第一版第一次印行
定　　　　　價／400 元

國家圖書館出版品預行編目（CIP）資料

靜下來工作：一位禪師與 Google 團隊共同開發的七項覺知練習 / 馬克 . 雷瑟 (Marc Lesser) 著 ; 劉碩雅譯 . -- 第一版 . -- 臺北市 : 天下生活 , 2020.03
256 面 ;14.8×21 公分 . -- (優生活 ; 17)
譯自 : Seven practices of a mindful leader
ISBN 978-986-98204-6-2(平裝)
1. 組織管理 2. 領導者 3. 職場成功法
494.2　　　　109002395

ISBN：978-986-98204-6-2（平裝）
書號：BHHU0017P

天下網路書店 www.cwbook.com.tw
康健雜誌網站 www.commonhealth.com.tw
康健出版臉書 www.facebook.com/chbooks.tw